大规模清洁能源高效消纳关键技术丛书

多能源互补调度运行控制技术

祁太元　范　越等　编著

U0238025

中国水利水电出版社
www.waterpub.com.cn
·北京·

内 容 提 要

本书是《大规模清洁能源高效消纳关键技术丛书》之一，全面、系统地阐述了包含风电、光电、水电、火电和燃气发电、储能等的多能源互补调度运行控制技术的研究背景、意义及国内外研究现状，多能源互补发电调度侧无功功率控制技术，多能源互补发电调度侧有功功率控制技术，多能源互补调度侧优化运行控制技术，多能源互补联合优化调度系统及应用等内容。

本书可供从事太阳能发电、风力发电和电力系统设计、调度、生产、运行等的工程技术人员阅读，也可供高等院校相关专业的师生参考使用。

图书在版编目（ＣＩＰ）数据

多能源互补调度运行控制技术 / 祁太元等编著. --
北京：中国水利水电出版社，2019.12
  （大规模清洁能源高效消纳关键技术丛书）
  ISBN 978-7-5170-8332-0

  Ⅰ．①多… Ⅱ．①祁… Ⅲ．①新能源－发电调度
Ⅳ．①TM73

中国版本图书馆CIP数据核字(2020)第106261号

书　　　名	大规模清洁能源高效消纳关键技术丛书 **多能源互补调度运行控制技术** DUO NENGYUAN HUBU DIAODU YUNXING KONGZHI JISHU
作　　　者	祁太元　范　越　等编著
出 版 发 行	中国水利水电出版社 （北京市海淀区玉渊潭南路１号Ｄ座　100038） 网址：www. waterpub. com. cn E - mail：sales@waterpub. com. cn 电话：(010) 68367658（营销中心）
经　　　售	北京科水图书销售中心（零售） 电话：(010) 88383994、63202643、68545874 全国各地新华书店和相关出版物销售网点
排　　　版	中国水利水电出版社微机排版中心
印　　　刷	天津嘉恒印务有限公司
规　　　格	184mm×260mm　16 开本　13.25 印张　275 千字
版　　　次	2019 年 12 月第 1 版　2019 年 12 月第 1 次印刷
印　　　数	0001—3000 册
定　　　价	**98.00 元**

《大规模清洁能源高效消纳关键技术丛书》
编　委　会

清华大学

南瑞集团有限公司

青海大学

中广核新能源投资（深圳）有限公司青海分公司

Preface
序

　　世界能源低碳化步伐进一步加快，清洁能源将成为人类利用能源的主力。党的十九大报告指出：要推进绿色发展和生态文明建设，壮大清洁能源产业，构建清洁低碳、安全高效的能源体系。清洁能源的开发利用有利于促进生态平衡，发展绿色产业链，实现产业结构优化，促进经济可持续性发展。这既是对我中华民族伟大先哲们提出的"天人合一"思想的继承和发展，也是党中央、习主席提出的"构建人类命运共同体"中"命运"质量提升的重要环节。截至 2019 年年底，我国清洁能源发电装机容量 9.3 亿 kW，清洁能源发电装机容量约占全部电力装机容量的 46.4%；其发电量 2.6 万亿 kW·h，占全部发电量的 35.8%。由此可见，以清洁能源替代化石能源是完全可行的。

　　现今我国风电、太阳能等可再生能源装机容量稳居世界之首；在政策制定、项目建设、装备制造、多技术集成等方面亦具有丰富的经验。然而，在取得如此优势的条件下，也存在着消纳利用不充分、区域发展不均衡等问题。目前清洁能源消纳主要面临以下困难：一是资源和需求呈逆向分布，导致跨省区输电压力较大；二是风电、光伏发电的出力受自然条件影响，使之在并网运行后给电力系统的调度运行带来了较大挑战；三是弃风弃光弃小水电现象严重。因此，亟须提高科学技术水平，更加有效促进清洁能源消纳的质和量，形成全社会促进清洁能源消纳的合力，建立清洁能源消纳的长效机制，促进清洁能源高质量发展，为我国能源结构调整建言献策，有利于解决清洁能源产业面临的各种技术难题。

　　"十年磨一剑。"本丛书作者为实现绿色能源高效利用，提高光、风、水、热等多种能源综合利用效率，不懈努力编写了《大规模清洁能源高效消纳关键技术丛书》。本丛书从基础研究、成果转化、工程示范、标准引领和推广应用五个环节着手介绍了能源网协调规划、多能互补电站建模、测试以及快速调节技术、多能协同发电运行控制技术、储能运行控制技术和全国集散式绿色能源库规模化建设等方面内容。展现了大规模清洁能源高效消纳领域的前沿技术，代表了我国清洁能源技术领域的世界领先水平，亦填补了上述科技工程领域的出版空白，望为响应党中央的能源转型战略号召起一名"排头兵"的作用。

这套丛书内容全面、知识新颖、语言精练、使用方便、适用性广，除介绍基本理论外，还特别通过实测建模、运行控制、测试评估等原创性科技内容对清洁能源上述关键问题的解决进行了详细论述。这里，我怀着愉悦的心情向读者推荐这套丛书，并相信该丛书可为从事清洁能源消纳工程技术研发、调度、生产、运行以及教学人员提供有价值的参考和有益的帮助。

中国科学院院士 卢强

2019 年 9 月 3 日

Foreword
前言

　　清洁能源是国际关注的主要研究领域，事关能源发展的方向与国家战略。随着社会经济的快速发展及技术进步，特别是能源与环境问题的日益突出，清洁能源受到世界各国越来越多的关注。为促进我国清洁能源的健康发展，国网青海省电力公司清洁能源发展研究院于 2019 年根据青海省可再生能源的开发进展情况，结合多年来对"多能源互补调度运行控制技术"的研究工作，编写了此书。根据研究工作的内容和本书的编写需要，本书分为多能源互补发电调度侧无功功率控制技术、多能源互补发电调度侧有功功率控制技术、多能源互补调度侧优化运行控制技术、多能源互补联合优化调度系统及应用等几个部分。

　　我国"十三五"电力发展规划提出："十三五"期间，非化石能源消费比重提高至 15% 以上，煤炭消费比重降低到 58% 以下。为满足国家能源战略要求，风力发电和光伏发电并网渗透率势必持续增加。如此大规模、具有随机波动性的清洁能源并网，将使电网稳定性、经济性与电能质量面临新的难题和挑战。仅仅依靠火电机组的灵活性进行调节，势必造成火电机组频繁启停或长时间运行在深度调峰状态，严重威胁电网运行安全性与经济性。因此，电力系统的运行机制必须进行一定的革新，而多能源互补调度运行控制技术的研究能够很好地解决清洁能源大规模并网所造成的调度运行难题，从而增加电网调度的灵活性。

　　多能源互补调度运行控制技术是我国清洁能源持续健康发展的新途径，该技术主要以多能源互补提高清洁能源消纳能力为目标，利用不同能源资源在能量和功率上的时空互补特性，通过多能源电力系统的协调规划、调度与控制，提高电网运行灵活性，挖掘清洁能源消纳空间。同时，多能源互补调度运行控制技术针对我国目前电力系统运行灵活性不足、清洁能源消纳能力受限问题突出的重大需求，突破多种能源电源的规划设计、优化调度和协调控制技术，研发多能源电力系统规划软件、互补协调调度与控制系统并完成集成及工程示范。该技术通过风电、光电、水电、火电和燃气发电、储能等多能源的互补协调调度，提升清洁能源发电量消纳能力 5％以上，将有利于青海、新疆地区清洁能源资源的优化配置，提高资源利用效率，促进当地资源转化。

本书是作者在多年研究多能源互补调度无功功率控制、有功功率控制及优化运行控制技术的基础上编写而成的，全书分 5 章，第 1 章概述，介绍多能源互补调度运行控制技术的研究背景、意义和国内外研究现状；第 2 章多能源互补发电调度侧无功功率控制技术，介绍清洁能源发电无功功率-电压运行特性、多能源互补发电电压稳定性分析、清洁能源多级无功电压协调控制策略、无功功率-电压控制系统研发与示范应用；第 3 章多能源互补发电调度侧有功功率控制技术，介绍清洁能源波动特性分析、清洁能源理论发电能力评估、清洁能源发电系统运行风险评估模型、清洁能源发电场景构造方法、清洁能源发电运行风险评估方法；第 4 章多能源互补调度侧优化运行控制技术，介绍考虑清洁能源最大消纳能力和运行风险的优化调度模型、多能源互补联合优化调度评价技术、多能源互补联合优化调度决策最优判据；第 5 章多能源互补联合优化调度系统及应用，介绍优化调度系统和系统应用。

本书在编制过程中，得到了国网青海省电力公司、青海省能源局、中国电力科学院有限公司、南瑞集团有限公司及有关高校等单位的大力支持。清洁能源是一个发展中的领域，还有许多问题有待进一步研究。本书是一个初步研究，有待继续深入，诚望各界专家和广大读者提出各种意见和建议。同时，限于作者水平，本书难免有疏漏或错误之处，敬请读者批评指正。

编者

2019 年 9 月

Contents 目录

第 1 章

概　　述

1.1　研究背景及意义

近年来，随着社会经济的不断发展，能源的消耗量也在不断增加，能源枯竭问题已经得到了广泛的关注。根据 2015 年世界能源统计，我国是全球最大的能源消费国，煤炭仍然是我国的主导能源类型，占 67.5%；石油是第二大能源类型，占 17.8%。预计到 2020 年，我国煤炭使用占比将降至 58%，石油使用占比将降至 17%。在能源消费中，大部分是用于供电需求。随着化石能源的日益枯竭以及对电量需求量的不断增大，需要加大清洁能源的开发利用，以代替传统的化石能源。《中国能源发展报告 2018》显示：2018 年我国煤炭使用占比首次低于 60%，但是还远远高于世界平均水准；我国非化石能源消费占一次能源消费比重提高至 14.3%，2020 年占比 15% 的目标完成在即。为了减少化石能源的使用，势必要发展使用清洁能源，在清洁能源中，太阳能和风能的使用最为普遍，目前，光伏发电系统、风力发电系统，以及混合发电系统都受到了世界各国的广泛关注，现在已经在越来越多的城市和乡镇中投入使用[1]。

太阳能和风能是最重要的清洁能源发电来源，特别是对于用电量不大的偏远地区来说，由于通过电网输电的成本高，偏远地区一般采用柴油发电机在当地直接发电，但柴油发电的成本太高，只能作为短期的应急电源，不能作为常规的发电形式。为了实现长期、稳定、可靠供电的目的，可以采用风力发电和光伏发电联合应用的方式予以解决。光伏发电系统采用光伏阵列将太阳能转换为电能，然后通过太阳能充电控制器给蓄电池充电，再通过逆变器对用户供电。光伏发电系统的特点是运行经济、可靠性高，但整个系统的造价偏高。风力发电系统采用风电机组将风能转换为电能，并同样利用蓄电池储存能量、通过逆变器对用户供电。与光伏发电系统相比具有发电量高、投资小、维护成本低等优点。

对于光伏发电系统和风力发电系统来说，太阳能和风能的资源不确定性是其最大的缺陷。这种不确定性会造成发电能力与用户用电需求间的矛盾。另外，光伏发电和风力发电受天气和季节变化影响比较大，导致与其配套的蓄电池组经常处在亏电状态下，对于蓄电池的使用寿命极为不利，严重降低了蓄电池的使用年限。但是，风能资源和太阳能资源具有一定的互补特性：有的地方风力不大时阳光充足，而缺少阳光资源时风力大。这种不同季节、天气条件下风能与太阳能分布的互补性，决定了风力发电和光伏发电也具有一定程度的互补性。如果充分利用多能源的互补性发电，可以在很大程度上改善采用单一资源发电造成的发电用电不平衡的问题，进而提高供电的可靠性。光伏发电和风力发电的蓄电池组合逆变器部分的工作原理是相同的，可以实现结构共享，这样可以大大降低光伏发电和风力发电互补系统的投资，降低系统的运行维护成本，使系统的经济性、可靠性大大提高，满足清洁能源发电的系统需求。

我国西部地区的风能和太阳能资源非常丰富，并拥有广阔平坦的荒漠和戈壁，具备良好的规模化风力发电和光伏发电资源、环境条件、电价政策及政府支持。青海省在全国光伏发展中扮演着举足轻重的地位，而风力发电作为目前技术最成熟的清洁能源利用方式之一，在国家的大力支持下也已经实现快速增长。

然而，由于西部地区大规模风电场和光伏电站都远离电网负荷中心，电网结构相对薄弱，大量波动性电源的接入将对当地电网带来较大冲击；风力发电及光伏发电功率具有随机性，无论是从日前还是日内均难以对其进行准确预测和精确调度，风力发电和光伏发电低电压穿越能力具备情况、动态无功补偿响应能力和区域动态无功调节能力直接影响系统运行风险……这些不定因素对风光水气发电联合优化调度模型的建立提出了较大的挑战。同时，风力发电、光伏发电需全额保障性收购，优先调度，为确保系统安全，需综合考虑预测不确定度和电压稳定运行风险，建立数据交互、滚动迭代的调度模型。而在现有调度系统中，尚未建立考虑风光最大接纳能力评估、风光预测不确定度和脱网风险的多种类型电源联合优化调度模型及相关调度决策支持系统。

美国、西班牙、丹麦等国家风力发电和光伏发电装机容量较多，且这些国家有较多的联合循环机组和燃气机组，在联合调度运行方面，基于完善的电力市场机制进行联合优化调度，在已有的经济杠杆下能够实现风力发电和光伏发电的优化调度。而国内由于燃气机组较少，对风光水气多种能源发电联合调度运行的相关技术研究较少，水电和燃气发电的互补特性及其对清洁能源发电的实际支撑作用尚未完全清晰。同时，由于我国电力系统运行模式和国外有较大差异，国外没有可以借鉴的风光水气发电联合优化调度运行的成熟经验。

本书结合海西区域百万千瓦级光伏电站群来研究青海省风力发电和光伏发电的运行特性，以及多种能源联合互补优化调度运行控制等关键技术，研发多种能源发电联合优化调度系统并在青海电力调度控制中心开展示范应用，从而在整体上降低青海电网的清洁能源发电不确定性和对电网的冲击，提高青海电网多种能源发电的联合优化调度运行水平，促进清洁能源发电充分消纳。

1.2 国内外研究现状

1.2.1 国外研究现状

环境保护和能源问题已经引起了全球的关注与重视，世界各国都在对清洁能源进行深入研究和探索。目前，光伏发电与风力发电技术在国内外都已经得到了广泛的应用，相关技术已经很成熟，风光互补调度运行控制技术的研究热点主要是对最大功率点追踪控制（Maximum Power Point Tracking，MPPT）方法和系统结构等方面的研究。

据国外相关资料考证，目前已知的最早关于风光互补发电系统的研究是 1981 年丹麦的 Buchand 和 Møllenbach 提出的太阳能和风能综合利用系统，但并没有形成较为完整的系统设计方案[2]。直到 1983 年，瑞典的 Akerlund 在当年的 IEEE 第五次国际年会上提出了一套"偏远地区风光互补发电系统"的设计方案，这套系统除了风力发电和太阳能发电以外，还包括了一台小型柴油发电机，此外他还首次引入了微控制器来对系统的输出电能进行优化、调节和控制，这套系统的研制成功标志着风光互补发电系统取得了一定的成果[3]。1989 年，Heinemann、Luther 和 Wiesner 通过仿真运算为偏远地区的数据收集（通信）站设计了一套独立的风光互补发电系统[4]，与 1983 年的研究不同，他们设计的系统采用了铅酸蓄电池组以解决风光互补发电的不稳定问题。此外，还采用了合适的控制策略和负荷管理策略来使系统发出的电能与负荷使用的电能尽可能地平衡，并最大限度地延长了铅酸蓄电池组的使用寿命，这些研究使得风光互补发电系统的性能得到了一定的提高；澳大利亚的 Nayar、Lawrance 和 Phillips 设计了另一套偏远地区风光互补发电系统的方案[5]，与之前研究不同的是，他们设计的系统由小型柴油发电机、蓄电池组、风力发电机和光伏电池板等组件组成，同时他们研究了不同的组件组合形式对风光互补发电系统效益的影响，取得了一定的研究成果。

早期的风光互补发电系统由于仅仅只是将风力发电、光伏发电以及柴油发电机、蓄电池等辅助发电设备简单地组合在一起，并通过小型控制器加以控制，因而在使用过程中暴露出了较多问题，而在众多的问题中，风光互补发电 MPPT 控制策略不合理以及发电、储能容量配置不合理是两个主要的问题，它们直接影响了风光互补发电系统的经济和技术效益。因而，进入 20 世纪 90 年代后，风光互补发电系统的 MPPT 控制策略和发电、储能容量的配置成为两个主要研究方向。1997 年，英国的 Protogeropoulos、Brinkworth 和 Marshall 对以蓄电池作为储能装置的离网型风光互补发电系统的储能容量配置作了初步的研究和优化[6]。2004 年，印度的 Reddy 等建立了一个比较合理的风光互补发电系统模型，对印度的 Hyderabad 地区风光互补发电系统的经济和技术效益进行了相关的概率性评估和研究[7]。2006 年，日本的 Ahmed 和 Miyatake 设计了一套以简易的 MPPT 技术为控制策略的离网型风光互补发电系统[8]；意大利的 Terra、Salvina 和 Tina 基于模糊逻辑为风光互补发电系统发电、储能规模的确定提供了一种方法[9]。2007 年，美国的 Wang 和 Singh 基于粒子群的多学科算法并结合当地的一些实测数据对风光互补发电系统的容量规模进行了研究和设计[10]；印度的 Jain 和 Kushare 针对印度偏远地区无法接入主电网进行供电的情况，为这些地区设计了一套风光互补＋柴油发电机辅助发电的发电系统，并研究出该发电系统经济和技术效益最好时系统各部分的组成与配置[11]。2008 年，葡萄牙的 Fontes、Roque 和 Maia 为城镇设计了一套风光互补发电系统，提出了"微型发电"的概念，并研究了该系统的经济和技术效益[12]。2009 年，加拿大的 Xin、Lopes 和 Williamson 为插电式混合电动汽车（Plug - in Hybrid Electric Vehicle，PHEV）设计了一套基于风光互补发电系统的充电装置，并研究了该装置具有最佳经济和技术效益时的系统配置[13]。2010 年，加拿大的 Hui、Bakhshai 和 Jain 为风光互补发电系统设计了一套新的整流级拓扑结构，并对系统效益进行了分析和适当优化[14]；法国的 Becherif、Ayad、Henni 和阿尔及利亚学者 Aboubou 共同为列车牵引系统研制了一套带有超级电容器（通过单元功率因数电子变换器进行充电）作为电能补充装置的风光互补发电系统，并对该系统的效益进行了分析和优化[15]。2011 年，印度的 Das、Roy 和 Sinha 为风光互补发电系统设计了基于粒子群算法的频率控制器，并与其他的风光互补控制器进行效益等方面的对比分析和适当的优化[16]。2012 年，黎巴嫩的 Keyrouz、Hamad 和 Georges 针对传统基于 MPPT 的风光互补控制器存在的问题，设计了一套基于贝叶斯信息融合与群体智能相结合的追踪控制新方法，通过仿真分析得到，新方法可以提高风光互补发电系统的效率[17]；印度的 Wandhare 和 Agarwal 为基于 MPPT 的风光互补发电系统设计了一套全新的控制策略，降低了因风速和光强的间歇波动性所造成的一些不利影响，提高了系统的稳定性和可靠性[18]。2013 年，印度的 Kamalakkannan 和 Kirubakaran 为风光互补发电系统设计了一种高性能阻抗源逆变器，提高了风光互补发电系统的效率[19]；黎巴嫩的 Keyrouz、Hamad 和 Georges 为风光燃料电池互补发电系统设计了一种新型的统一 MPPT 跟踪器，提高了该混合发电系统的效率[20]。2014 年，印度的 Patsamatla、Karthikeyan 和 Gupta 为风光互补发电系统设计了一种较通用的 MPPT 方法，提高了系统的效益[21]。2016 年，Eltamaly 和 Mohamed 等人设计了一种由风力发电机组、光伏组件、储能装置、逆变控制装置组成的混合能源仿真系统，可对设备的容量进行优化选取，能在极短的时间内执行最佳的设计方案并且保证结果准确[22]；Shanker 和 Mukherjee 等人针对风力发电机组、光伏组件和储能单元组成的混合动力系统，提出了一种基于负荷频率控制器的准对抗和谐搜索算法，可获得最佳的解向量和更快的收敛速度，改善了混合发电系统的整体性能[23]。2017 年，希腊的 Fathabadi、Hassan 为偏远地区设计了一套新颖的独立太阳能、风能和燃料电池混合发电系统，该系统的综合效率较先前的同类型系统有所提高[24]；澳大利亚的 AI - Falahi 等对近年来优化风光互补发电系统规模的相关方法进行了回顾和对比分析[25]。2018 年，印度的 Khan、Pal 和 Saeed 对风光互补发电系统的规模设计方法、优化方法和成本估算方法进行了较为全面的回顾和对比分析[26]；加拿大的 Ishaq、Dincer 和 Naterer 对某太阳能、风能和氢气混合发电系统进行了开发和评估[27]。

通过以上对国外风光互补发电系统研究情况的回顾可以发现，国外学者的主要研究历经几十年，方向主要集中在风光互补发电系统的 MPPT 控制策略和发电、储能容量配置这两个方面。此外，风光氢燃料电池互补供能系统的设计分析、微网的相关优化分析在近些年来也逐渐成为国外学者研究的热点，有可能成为未来风光互补发电系统发展研究的两大趋势。

1.2.2 国内研究现状

多能源互补包括终端一体化集成供能系统和风光水火储多能源互补系统两种类型。为构建优良的多能源互补分布式智慧能源系统，我国的研究团队不仅在多种能源组合方面尝试各种配置，在分布式电源、储能技术等方面也进行了不断创新。分布式电源指规模容量较小，产生的电能不需要大规模、远距离输送，与用户就近布置，直接进行就地消纳的微小型发电系统，其一般包括传统发电模块、清洁能源发电模块等。相对于传统电源，分布式电源系统简单，各组件互相独立，容易控制，对负荷变动的适应性强，拥有很好的调峰能力。同时由于采用了新兴发电模块并引入了清洁能源，对温室气体及固体废弃物减排也有很大的促进作用。近年来，分布式电源发展迅速，包括就近供电、海岛供电、保障供电、备用电源、"黑启动"电源等。储能技术则借助某种设备，将电能转换成另外形式的能量并储存，在必要时再将所储存的能量转换成电能。目前电能储存主要包括机械储能、电磁储能和电化学储能三种形式。储能系统利用变流器完成同交流母线的能量交换，可消除光伏发电与风力发电输出功率波动的影响，确保电池充放电功能，变流器中能量可以进行双向流动。为了实现削峰填谷、稳定输出、保证供电质量，并在必要时进行微网孤岛运行，储能设备必须具备大容量、高效率转化的能力。目前储能技术得到越来越广泛的关注，应用范围日益扩大。

我国是太阳能资源非常丰富的国家，与其他国家相比较有很大的利用优势和发展潜能。1959 年，经过不断努力与尝试，我国成功研制出了第一个具有实用价值的光伏电池，1973 年光伏电池开始在地面使用，1979 年单晶硅光伏电池开始进行生产，直到 20 世纪 90 年代后期，我国的光伏发电产业才开始进入稳步发展时期，并在 21 世纪初迎来了迅速发展的新阶段。风力发电技术在 21 世纪初进入我国电力市场，2009 年，我国已成为世界第三大风力发电市场。据统计，风力发电每生产 100 万 $kW \cdot h$ 的电量，能减少 CO_2 排放量 600t。国家能源局数据显示，2017 年我国的风力发电新增装机容量和累计装机容量都位居全球第一，同时风力发电将成为我国第一大新能源发电产业。

我国的多能源互补发电起步相对较晚，目前多能源互补发电项目的应用也不是很多，主要采用的还是独立式发电系统，在西北地区等一些比较偏远的地区使用。

我国的风光互补发电系统研究开始于 1982 年 8 月在北京召开的新概念型发电装置（即太阳能-风能综合发电装置）讨论会。1986 年，朱瑞兆提出了太阳能-风能发电机能量转换装置的综合利用设想[29]。1987 年，余华扬等人提出了太阳能-风能能量转换装置。1992 年 8 月，一套由风力发电机、单晶光伏电池、碱性蓄电池和风光互补逆变控制器组成的风光互补发电系统在我国内蒙古牧区建成，解决了牧民一年四季连续不间断供电问题[31]。1997 年，张治民对青海地区风光互补户用电源技术进行了初步的探讨和研究[32]。1998 年，许洪华对西藏地区 4kW 风光互补发电系统进行了初步的优化设计[33]。1999 年，华东电力集团公司王凡提出风光互补旋风发电装置，理论上解决了清洁能源的波动性和控制难题，摆脱了资源限制，节约了配置储能的成本。2000 年，艾斌、李健等提出了一种对小型户用风光互补发电系统匹配设计的计算方法[35]。2001 年，李爽对风光互补发电系统进行了优化设计，并讨论了一种解决混合发电系统非线性优化的方法[36]。2002 年，定世攀对我国独立运行风光互补电站控制监测系统进行了研究，提出了针对运行于长期储能方式下的风光互补电站的控制策略[37]；同时中国科学院对系统的非线性优化进行了深入研究，并提出了优化控制策略及优化设计的新方法。2003 年，茆美琴、余世杰等初步研制出了一套带智能控制系统的风光柴蓄复合发电装置，并分析了该装置的特点、实验结果及存在的问题[39]。2004 年，茆美琴从理论建模、系统优化设计及仿真软件实现等方面对风光柴蓄复合发电及智能控制系统做了较为系统深入的分析[40]；而龙平则分析了风光互补发电系统的结构原理，在此基础上建立了一套较为完整的监测系统，进行了实验测试，分析了其精度误差并完成了主要部件的相关评价[41]；王宇以单片机为核心，设计开发了风光互补发电监测控制系统并加以应用，取得了良好的运行控制效果，同时也提出了完善相关控制系统的建议[42]；华南理工大学的研究小组在深入研究后设计了风光互补发电系统，并结合能量管理进一步提出了基于模糊逻辑算法的控制系统[43]。2005 年，李忠实使用 Electronics Workbench（EWB）软件，对风光互补发电系统进行模拟，通过建立与实际项目相同的数学模型，使用不同的控制策略及控制电压，得到相应的各方面数据，来确定蓄电池控制电压及控制方案的最优解，并与实际工程的数据进行了对比和优化[44]。2006 年，徐大明、康龙云和曹秉刚利用精英非支配解排序遗传算法（NSGA - II），对风光互补独立供电系统进行了优化配置；之后，上述三位学者又采用包含精英策略的遗传算法和自适应罚函数法对风光互补独立供电系统进行了相关的优化设计[45]；张淼和吴捷则对基于分级模糊控制的风力太阳能混合发电控制系统进行了相应的仿真分析研究[47]。2006 年至今，我国的风光互补发电系统的相关研究思路和热点与国外的研究思路和热点基本一致，相关的研究成果呈现井喷状态。目前有关风光互补发电系统的研究的文献资料约 2000 篇，其中约 1600 篇是在 2006—2019 年间发表的。但综合相关文献资料可以发现，风光互补发电系统的 MPPT 控制策略和发电、储能容量配置依旧是我国学者研究的两个主要的方向。

综合近几年的相关文献，我国学者在风光互补发电系统的控制策略和容量配置上取得了一定的成就。在 2016 年，兰州交通大学的郭琦等人建立了以系统能量浪费率的失能量概率函数、系统的成本函数和系统的供电可靠性失负荷率函数为目标优化函数，采用自适应网格多目标粒子群优化算法的模型，对目标函数进行求解和优化，并对单目标优化、双目标优化进行分析和比较[48]；华北电力大学的张立等人针对风能资源、太阳能资源和负荷等不确定因素，基于不确定规划理论，设计出一种考虑风光负荷预测误差的能量调度模型，利用模糊综合多目标处理策略对误差概率函数进行处理，并用进化算法对处理结果进行优化[49]。2017 年，李晓青、王小会和李慧玲提出了一种基于 NSGA - II 的并网型风光互补发电系统协调控制方法，经仿真实验表明，该方法与传统的光伏发电优先接入方式相比，可以提高清洁能源电能的电网友好性[50]；内蒙古工业大学的张计科等人对系统各部分的电能输出设置优先权，光伏发电和风力发电的功率输出采用双闭环控制，建立了功率优化控制、状态监控、电能分配和保护机制的能量管理系统[51]。2018 年，于东霞、张建华等利用蓄电池和超级电容的互补性，将蓄电池和超级电容混合储能应用于并网型的风光互补发电系统中，并结合实例验证了仿真和算法的合理性和可行性[52]；吴国庆、霍伟等基于改进的万有引力搜索算法，对住宅区的微网进行了一定的优化，求得微网内风光柴储的最优配置组合，并结合了四种不同的算例验证了模型的可靠性[53]；徐璋、李莎等基于粒子群算法对风光互补发电系统配置进行了优化设计，使该风光互补发电系统具有较好的经济性[54]。

通过对近几十年来国内外相关文献的梳理发现，我国学者与国外学者的研究思路和研究热点基本一致，且我国在风光互补发电系统的控制策略及容量配置研究上取得了比较大的成就，在一些方面相比国外还具有一定的领先地位；风光互补发电系统虽然已经在人们的生产、生活方面有所应用，并且在相关方面也取得了相应的突破，但其成果绝大多数仍处在实验室研究阶段或者仿真实验优化设计阶段，离真正的商业应用和推广还有一定的距离，因而需要加强实践应用方面的研究。

第 2 章

多能源互补发电调度侧
无功功率控制技术

2.1 清洁能源发电无功功率-电压运行特性

2.1.1 清洁能源发电的无功功率-电压运行特性分析

近年来我国光伏发电发展迅猛，光伏发电已经成为继煤电和水电之后的第三大主力电源。截至 2019 年 6 月底，全国光伏发电累计装机容量达到 18559 万 kW，同比增长 20%。其中，集中式光伏发电装机容量 13058 万 kW，同比增长 16%；分布式光伏发电装机容量 5501 万 kW，同比增长 31%。预计 2020 年光伏新增装机容量在 45GW 以上，2025—2030 年光伏发电将成为我国电力转型的支柱性能源。目前我国电网对光伏资源采取的是大规模集中式的开发模式，单个光伏电站的装机容量都达到 5MW 以上。由于光伏发电固有的间歇性特点，导致光伏发电功率的变化会引发较大的电压波动，电压波动问题已成为阻碍光伏发电正常并网运行的主要障碍之一。

2.1.1.1 光伏发电汇集区域电网结构

以青海电网为例，分析清洁能源发电的无功功率-电压运行特性。

青海电网光伏电站采用集中大规模接入的方式，主要通过 110kV 和 330kV 两个电压等级的汇集站集中接入并送出：①在汇集接入的电网局部区域，多个 35kV 光伏电站汇集接入到上级 110kV 汇集站送出；②在海南、海西等整个汇集接入区域，多座 110kV 的光伏电站或汇集站进一步集中接入上级 330kV 的汇集站集中送出。在 330kV 和 110kV 两级汇集站内部，为了对汇集区域进行无功补偿，均配备了一定容量的 SVC 或 SVG，同时汇集站内的有载调压变压器也具有调节的能力。为了有效解决集群式光伏发电的并网问题，需要有效整合区域内的无功功率资源，形成一套有效的电压控制体系，而构建该系统的第一步是深入了解集群式光伏电站发电的无功功率-电压运行特性。

1. 光伏发电汇集区域内变电站的分类

根据光伏发电汇集区域内变电站的功能和接线结构，将变电站分为升压站和汇集站：仅有 1 座光伏电站通过主变升压并网的变电站为升压站；有 2 座及以上光伏电站通过主变升压并网的变电站为汇集站。

对升压站，由于只有 1 座光伏电站接入，因此也可以等效称之为光伏电站。

对汇集站，根据接线结构和汇集方式，可以进一步分为 A 类汇集站和 B 类汇集站：A 类汇集站的低压侧母线只连接 SVC、SVG 和 35kV 线路，并通过 35kV 线路连接到下级 35kV 光伏电站，低压母线不直接连光伏阵列；B 类汇集站的低压侧母线除连接 SVC、SVG 和 35kV 线路，同时直接连接光伏逆变器，即汇集站 35kV 母线直接连接就地的光伏电站。

光伏发电汇集区域内变电站分类如图 2-1 所示。

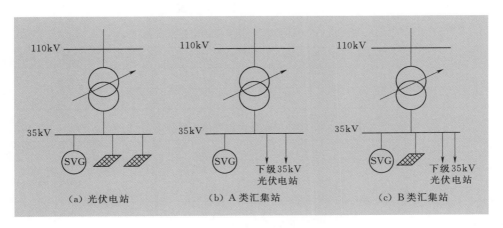

图 2-1　光伏发电汇集区域内变电站分类

2. 多级光伏发电汇集区域

在青海电网的光伏发电汇集区域中，既有 110kV 的光伏电站，也有 35kV 的光伏电站，这些光伏电站通过两级汇集，最终汇集到 330kV 的区域汇集站。典型的两级汇集的电网运行结构图如图 2-2 所示。

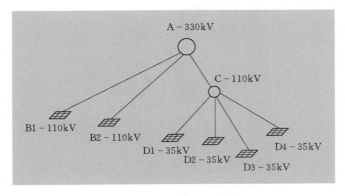

图 2-2　光伏电站典型的两级汇集的电网运行结构

图 2-2 中，A 站为整个光伏发电区域的总汇集站，为 330kV 电压等级；B1、B2 为 110kV 光伏电站，其通过 110kV 线路汇集到上级 A 站；110kV 的 C 站为 A 类汇集站，通过 35kV 线路汇集接入了 D1～D4 的 35kV 光伏电站，同时又通过 110kV 线路接入上级的 330kV 汇集站。整个区域形成了跨 330kV、110kV、35kV 多电压等级的两级汇集接入格局。

2.1.1.2 无功功率-电压特性分析

光伏发电汇集区域投入自动电压控制（Automatic Voltage Control，AVC）闭环控制后，通过协调控制区内的汇集站和光伏电站，汇集区域的电压稳定性有了明显的提升。表 2-1 和表 2-2 为巴音光伏汇集区在 AVC 闭环控制投入前后典型日的电压标准差。

表 2-1　　　　　　　　投入 AVC 闭环控制前典型日的电压标准差　　　　　　　单位：kV

汇集站/光伏电站	6 月 5 日	6 月 6 日	6 月 7 日	6 月 8 日	平均
柏树	0.67	0.83	0.72	0.85	0.78
百科德令哈	0.82	0.91	1.12	0.92	0.94

表 2-2　　　　　　　　投入 AVC 闭环控制后典型月的电压标准差　　　　　　　单位：kV

汇集站/光伏电站	9 月 2 日	9 月 3 日	9 月 4 日	9 月 5 日	平均
柏树	0.57	0.47	0.61	0.72	0.60
百科德令哈	0.90	0.70	0.80	0.59	0.74

从表 2-1 和表 2-2 中可以看到，投入 AVC 闭环控制后，汇集区的中枢母线电压和光伏电站母线电压的波动性均有明显下降，电压平均标准差分别下降了 23% 和 21%。

以典型日来对具体的电压曲线进行分析，取有功功率相似的 6 月 6 日和 9 月 3 日作为典型日，这 2 个典型日的光伏发电汇集区总上网有功功率曲线如图 2-3 所示，从图 2-3 中可以看到，两日的上网有功功率基本相当，并且在 9 月 3 日的上网有功功率波动更剧烈。

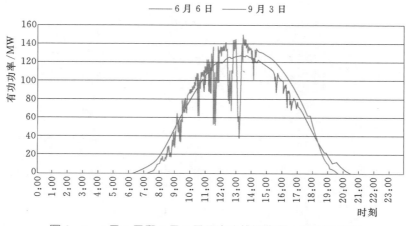

图 2-3　6 月 6 日和 9 月 3 日巴音光伏汇集区上网有功功率

在2个典型日，汇集区中枢母线（柏树汇集站110kV母线）电压的对比曲线如图2-4所示。

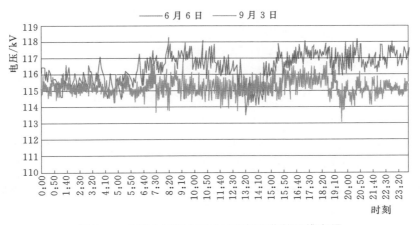

图2-4　6月6日和9月3日柏树汇集站母线电压

在2个典型日，汇集区内光伏电站母线（以百科德令哈站110kV母线为例）电压的对比曲线如图2-5所示。

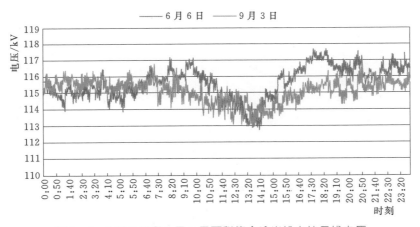

图2-5　6月6日和9月3日百科德令哈光伏电站母线电压

从图2-3～图2-5中可以看到，13：00—17：00间，光伏发电量较大，电压普遍偏低，说明光伏发电汇集区域缺乏发电机等无功功率支撑，光伏发电量波动对电压影响大。投入AVC闭环控制后，光伏发电汇集区的母线电压更趋于平稳，显著提高了光伏发电汇集区域的电压稳定性，增强了消纳清洁能源并网发电的能力。

2.1.2　清洁能源发电电压脱网机理

2.1.2.1　多风电场、光伏电站连锁脱网过程分析

2011年发生的3起大规模风电机组连锁脱网事故的调查报告显示，此类事故具有

相似的发展过程：某处突发短路故障导致瞬时电压跌落，继而引起电气联系紧密的特定风电场、光伏电站中的风电机组、光伏单元在短时间内部分或全部脱网；之后风电场、光伏电站内馈线及风电场、光伏电站间输电线传输功率减小，线路充电电容以及风电场、光伏电站升压站内投入的并联电容发出无功功率，相对线路吸收无功功率过剩；由于区域短路容量小，过剩无功功率导致系统电压大幅抬升，最终造成其他邻近风电场、光伏电站内风电机组、光伏单元过电压保护动作；该过程促使系统过剩无功功率进一步增加，使发生风电机组、光伏单元脱网事故区域的面积继续扩大。以一例脱网事故时的 PMU 采集数据对该过程进行说明。

图 2-6 为某地区发生多风电场连锁脱网事故时，PMU 采集的区域内风电场出口端有功功率和并网点母线正序电压值。数据表明，WDS 有功功率率先跌落至零附近水平。与此同时，各风电场并网点母线正序电压水平都出现不同程度的跌落，WDS 电压跌落幅度最为显著。事后分析发现正是该风电场内发生了三相不对称接地故障，

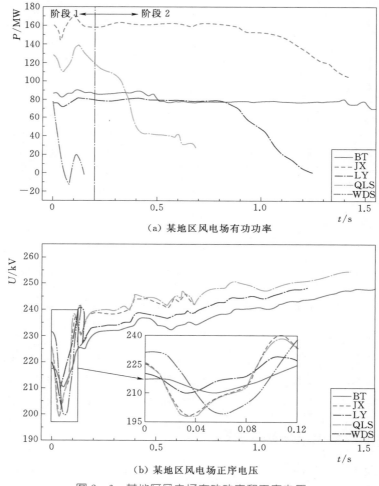

（a）某地区风电场有功功率

（b）某地区风电场正序电压

图 2-6　某地区风电场有功功率和正序电压

从而诱发了后续连锁脱网过程。

尽管 WDS 故障造成了系统电压的一定跌落，但只在局部范围引起风电机组低电压保护动作，图 2-6 中表现为多数风电场有功功率未在初始故障后迅速跌落。图 2-7 描绘了图 2-6 阶段 1 中多风电场连锁脱网的全过程中 WDS 有功功率、无功功率及并网点正序电压水平。WDS 初始故障切除后，系统电压开始急剧攀升，该风电场出口处无功功率水平较正常运行时的提升是电压攀升的初始诱因。此后其他风电场出口处无功功率增长，是促成系统电压继续提升的原因。PMU 量测证明，连锁脱网事故发生前，多数风电场风电机组已接近满发，运行人员为了防止风电场电压过低投入了并联电容，这些电容在连锁脱网过程结束后仍未被切除。风电场内风电机组脱网后，连接风电场与电网的长线路由重载变为轻载，此时充电无功功率较大，而线路电抗消耗无功功率急剧减少，风电场升压站未及时切除的并联电容亦加剧了系统无功功率过剩。在这些因素共同作用下，风力发电汇集区域内电压快速增长。图 2-6 阶段 2 显示，多数风电场内风电机组在初始故障消失后系统电压升至较高水平之时脱网，脱网原因为风电机组过电压保护动作。

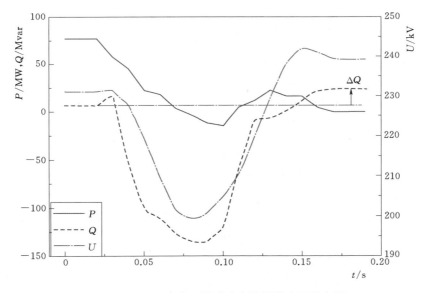

图 2-7　WDS 有功、无功功率及并网点正序电压

在利用 PMU 历史数据定性分析多风电场、光伏电站连锁脱网过程的基础上，进一步在仿真系统中再现该过程，并通过改变初始状态，以分析与此过程发展强相关的因素。目前风电场、光伏电站电压控制中存在以下弊端：

（1）系统侧和风电场、光伏电站侧缺少协调。系统侧电压控制只关注风电场、光伏电站汇集站的就地电压，未能充分考虑风电场、光伏电站内的电压分布，可能由于电容过投或者切除不及时导致风电机组、光伏单元机端电压越限，最终脱网。

（2）风电场、光伏电站内部控制缺少协调概念。与传统的电厂或变电站显著不同，风电场、光伏电站并非单独厂站，而是一个覆盖面达数公里甚至数十公里的区域，通过 35kV 长馈线连接上百台风电机组、光伏单元。其内部各节点电压并不完全相同，而是沿馈线形成电压分布，这一分布由馈线自身阻抗以及实时输送的功率决定。目前控制模式更多着眼于风电场、光伏电站并网点电压和无功功率交换，而未能兼顾馈线电压分布。数次大规模脱网事故前的统计数据表明，同一风电场、光伏电站内的风电机组、光伏单元机端电压最高和最低可能相差 5%，因此并网点电压处于正常范围内时，仍可能出现馈线远端某些风电机组、光伏单元率先脱网，进而引起场内连锁反应。

为了更好地分析连锁脱网过程，就必须兼顾相邻风电场、光伏电站的耦合作用与风电场、光伏电站内部控制细节，为此研究设计了两级分布式风电场、光伏电站仿真模型，上级主网负责模型各风电场、光伏电站间的协调问题，下级子网负责模拟仿真各风电场、光伏电站内部控制行为。

2.1.2.2 两级分布式风电场、光伏电站建模

1. 模型总体架构

根据实际发生多风电场、光伏电站连锁脱网事故的某地区网络，及该地区部分风电场、光伏电站内部网络，构建了包含上级主网和下级各风电场、光伏电站内部子网的主从两级分布式模型：上级主网模型基于我国某大区电网系统实际运行数据建立，共包含 2585 个节点，2825 条支路；下级子网模型覆盖某区域 12 个主要风电场、光伏电站，各风电场、光伏电站均接入了 50 台以上风电机组、光伏单元。

电力系统是世界上最复杂的人造系统，系统管理的可行性、安全性等因素决定了其分层分区的控制结构。具体表现为，各风电场、光伏电站模型及上级输电网模型分别由不同风力发电公司和电网公司独立进行维护，风力发电汇集区域整体电压控制依赖主站 AVC 系统及各风电场、光伏电站子站 AVC 系统间的协调配合，这一现实条件决定了风力发电汇集区域仿真系统的两级分布式架构。同时，如果仿真系统采用集中计算模式，庞大的计算规模会给单台服务器带来沉重负担；而如果采用主网运算位于一台服务器，风电场、光伏电站运算分布于多台服务器的分布式计算模式，则能避免计算规模过大的问题，同时也便于未来扩展。为了保证两级计算结果正确，必须保证两级间计算的协调。具体实现方法为，在上级主网侧将各风电场、光伏电站等值为发电机节点，而在风电场、光伏电站侧将主网系统用等值平衡机替代，并通过主从迭代算法交换边界量信息。两级分布式仿真模型计算流程如图 2-8 所示。

图 2-9 中，上级主网需要根据下级子网上传的风电场、光伏电站出口处的有功功率、无功功率，计算各风电场、光伏电站并网点母线的电压水平。在各风电场、光伏电站子网中，以 PMU 实测风电场、光伏电站功率数据作为基础分发到每台风电机

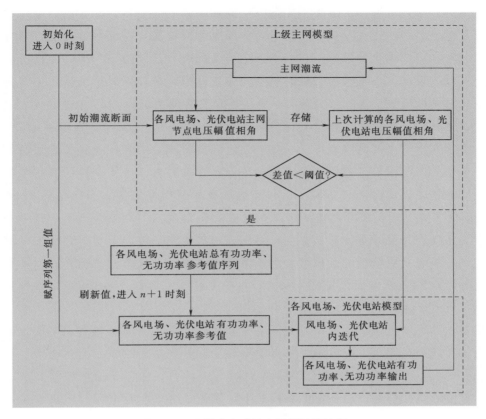

图 2-8　两级分布式仿真模型计算流程

组、光伏单元和 SVC 作为参考值，风电机组、光伏单元和 SVC 根据其控制模式选择不同元件模型计算各自的功率输出。每个风电场、光伏电站依据这些信息与上级主网下发的并网点母线电压，计算风电场、光伏电站总功率输出。上下两级计算交替进行，迭代至稳定后，认为得到某一时刻的收敛断面。这一过程可以表示为

$$\left. \begin{array}{l} F(U,S)=0 \\ G(U,S,X)=0 \end{array} \right\} \tag{2-1}$$

$$\left. \begin{array}{l} S_I \xrightarrow{\ F\ } U_I(U_I,X) \xrightarrow{\ G\ } S_{I+1} \\ if\ \|U_N-U_{N-1}\| \leqslant \varepsilon,(U,S)\approx(U_N,S_N) \end{array} \right\} \tag{2-2}$$

式中　F——上级主网潮流约束；

　　　G——下级子网潮流约束；

　U、S——各风电场、光伏电站电压和功率；

　　　X——风电场、光伏电站内设备的状态变量和风力、光照水平，其在一次计算流程中保持不变。

在两级分布式模型中，上级主网计算中能够联系各风电场、光伏电站的行为，相较研究单个风电场、光伏电站行为时以简单外网等值替代复杂电网的方法，本方法更能突出风电集群的耦合；下级子网细化到风电机组、光伏单元和 SVC 等设备，从细微角度模拟风电机组、光伏单元机群脱网的演变过程，相较一般系统分析中将各风电场、光伏电站处理为 PQ 节点的做法，更接近真实物理系统。

2. 风电机组、光伏单元和 SVC 元件模型

下级子网计算主体为风电场、光伏电站内潮流计算，实际风电场、光伏电站无功功率分布受各风电机组、光伏单元机端电压分布影响较大，为了避免仿真结果中风电场、光伏电站内无功功率分布失实，在潮流计算时将风电机组、光伏单元和 SVC 设备作为 PQ 节点处理。实际风电机组、光伏单元控制系统中，控制及通信时延非常显著，不能在计算潮流时将无功功率控制目标直接作为 PQ 节点无功功率注入，而是需要在设备一级建立更精细的子模型。为此将风电机组、光伏单元简化为内电势时变的同步发电机，SVC 设备简化为可变电抗，并在发电机内电势、可变电抗控制中加入惯性环节，风电机组、光伏单元内电势和 SVC 等效电抗的参考值则由各自功率的参考值计算得到。发电机有功功率参考值取决于原动机功率，对风电机组、光伏单元而言即由风速、光照决定，可以设定为来自于 PMU 历史数据的曲线；无功功率参考值取决于风电机组、光伏单元或 SVC 设备的控制模式，例如在定无功功率模式下，无功功率参考值可直接设定，而在定电压模式下，该值是根据实际电压与电压参考值的差值经由比例积分环节得到。

仿真系统中具体采用的风电机组和 SVC 功率控制模型如图 2-9 所示，图中 P_{ref}、Q_{ref} 分别为有功功率和无功功率参考值，U 为机端电压，P、Q 分别为有功功率和无功功率实际值，X 为风电机组等效同步电抗，T 为惯性时间常数。在风电机组和 SVC 定电压控制中，无功功率参考值必须经由图 2-10 和图 2-11 所示环节得到，此时控制变量为机端电压 U 和其参考值 U_{ref}。

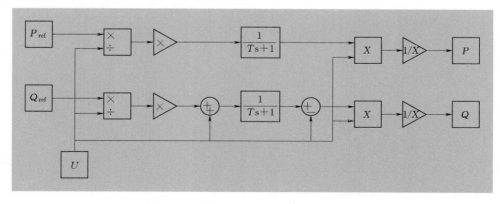

图 2-9　风电机组和 SVC 功率控制模型

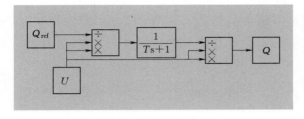

图 2-10　SVC 无功控制模型

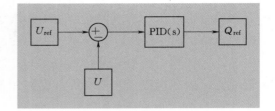

图 2-11　定电压控制转换环节

由于风电机组、光伏单元和 SVC 设备功率输出都受各自容量限制，风电机组、光伏单元和 SVC 设备功率在超过运行极限时被设计为搭界运行。

风电机组正常运行时，机端电压应维持在正常范围之内，我国多数风电机组机端电压等级为 690V，设计允许在电压波动 $\pm 10\%$ 的范围内运行。据此，设定风电机组在机端电压超过此范围时，将因低压或过压保护动作脱网。本模型侧重关注多风电场、光伏电站连锁脱网的扩散过程，未考虑风电机组低压穿越环节及保护动作后的动态过程。SVC 正常运行对电压水平同样有要求，仿真中具体设定为标称电压附近 $\pm 10\%$ 的范围。

3. 风电场、光伏电站内迭代

在各风电场、光伏电站子网计算中，存在潮流约束 f 和元件约束 g 为

$$
\left.
\begin{array}{l}
f(U,S,u,s)=0 \\
g(u,s,x)=0
\end{array}
\right\}
\tag{2-3}
$$

式中　U、S——外网等值节点的电压和功率；

　　　u、s——各元件（风电机组、光伏单元和 SVC）的电压和功率；

　　　x——元件中的状态变量和风力、光照水平。

在计算风电场、光伏电站潮流时已知 U、x，目标是获取等值平衡机的功率 S，因此需要进行迭代，即

$$
\left.
\begin{array}{l}
(U,s_i)\xrightarrow{f}(S_{i+1},u_{i+1}),(u_{i+1},x)\xrightarrow{g}s_{i+1} \\
if \parallel u_n-u_{n-1} \parallel \leqslant \varepsilon, S\approx S_n
\end{array}
\right\}
\tag{2-4}
$$

2.1.3　清洁能源电站两级电压安全域

目前，我国绝大多数清洁能源电站都安装了监控系统，可获取清洁能源电站内各台风电机组、光伏单元的实时采样信息，以及无功补偿设备的出力状况，并可同时获取每个清洁能源电站精确的网络拓扑结构。两级电压控制策略中，对于控制中心，通常只需要获得每个清洁能源电站的有限数据信息，例如每个清洁能源电站并网节点的电压、总的有功功率和无功功率，而清洁能源电站内部具体的拓扑信息以及每个风电

机组、光伏单元的具体信息则不需要知道，从而减轻了调度中心海量数据的压力。某电网风电集群集中接入的拓扑结构如图 2-12 所示，则两级电压控制包括系统级和新能源电站级两个层次：对于系统级的控制，清洁能源电站集群结构中大多数清洁能源电站连接到同一个变电站（220kV/500kV）的高压侧母线，清洁能源电站一般远离负荷中心，周围也很少有传统火电支持，并且经过长距离线路与主网架相连，因而线路往往具有很大的无功充电功率；对于清洁能源电站级的控制，每个清洁能源电站均采用辐射型的拓扑结构，其中风电机组、光伏单元均接入变电站（35kV/220kV）低压35kV 线路上，该变电站 220kV 母线称之为清洁能源电站并网的 PCC 节点。此外，清洁能源电站的无功补偿设备，包括动态无功补偿设备和静态无功补偿设备都接入到PPC 节点。

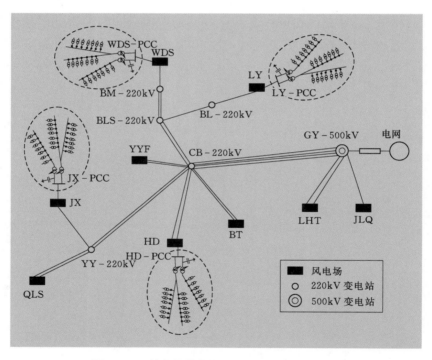

图 2-12　某电网风电集群集中接入的拓扑结构

2.1.3.1　电压安全域

虽然动态无功补偿设备 SVC、SVG 在清洁能源电站电压控制中有重要作用，并且具有很好的动态电压控制性能，在当今清洁能源电站得到了一定的应用，但是因其价格很高，动态无功补偿设备的容量在我国实际的清洁能源电站中往往很低，目前的现状是动态无功补偿设备和传统静态无功补偿设备（如电容器）共存。此外，AVC系统在清洁能源电站和电网控制中已经投入实际应用，可保证实际清洁能源电站运行的电压安全。

　　然而，从多个清洁能源电站连锁故障的事后分析看出，连锁故障发生的时间非常短暂，对于静态无功补偿设备，一旦发生清洁能源电站脱网事故，实时控制很难抑制连锁事故的发生，因此预防控制是非常重要的。预防控制得到的控制策略需保证系统同时在正常情况和 $N-1$ 故障情况下的安全性。与此同时，传统的控制策略往往给出一个控制设定值，而调度人员希望得到系统安全运行的可行域，这样的可行域称为电压安全域。

　　为了得到每个清洁能源电站 PCC 并网节点的电压合理范围，多个清洁能源电站的静态电压安全域需要精细化。可是在实际的清洁能源电站运行与控制中，其中一个清洁能源电站很难得到其余清洁能源电站精确的电网信息，如网络拓扑结构，每台风电机组、光伏单元的运行状态以及无功补偿设备的出力情况等。

　　对于每个清洁能源电站，电压安全域是为了保证每个风电机组、光伏单元机端电压在一个合理的范围内，从而保证风电机组、光伏单元不会因为高电压或者低电压保护动作而脱网，该电压安全域称为清洁能源电站级电压安全域。

　　另外，为了抑制清洁能源电站连锁脱网事故，各清洁能源电站之间要建立相应的电压安全域，从而协调各个清洁能源电站的发电功率，保证各个清洁能源电站 PCC 并网节点电压在合理范围内，甚至清洁能源电站 $N-1$ 后的电压安全性。如果一个运行点只满足正常运行时电压在合理范围，但清洁能源电站 $N-1$ 后电压不在合理范围，那么当前这个运行点有可能导致连锁脱网事故，也是不安全的。为此，同时考虑正常情况下和 $N-1$ 事故下 PCC 节点电压在合理的范围内，则称为系统级电压安全域。

　　需要说明的是，在无功功率-电压控制中，电压是一个状态变量，而无功功率为控制变量，通过改变无功功率，改变电压范围，从而保证电压落入合理的安全范围内。因此，保证电压的合理性，无功功率必须得到严格控制。因此，清洁能源电站级和系统级的静态电压安全域可以分别表示为无功功率约束的集合，并且保证电压在合理的范围内。这些电压安全域对现存的无功电压控制系统具有一定的帮助，因为电压安全域可以作为无功电压控制的约束，为电网电压控制寻找更为安全合理的电压。为了满足控制的快速性和降低模型的复杂性，通常安全域考虑采用线性约束集，得到一个单纯形体。

　　在考虑清洁能源电站级电压安全域时，需要对不同风电机组、光伏单元的无功功率能力进行研究。对于风电机组来说，电网中，大部分采用的均为双馈感应风电机组，该风电机组具有一定的无功调节能力，通常风电机组无功功率的范围为功率因数超前 0.9 到滞后 0.9，而风电机组的总容量一般为 1.5MW，则总的无功功率范围是 $-500\sim500\text{kvar}$。当然，不同的风电机组类型具有不同的调节能力，本书主要以双馈感应风电机组为例进行说明，其他风电机组类型分析方法与此类似。因此，每个清洁能源电站的无功功率满足：

（1）每台 1.5MW 风电机组的无功功率范围为 $-500 \sim 500 \mathrm{kvar}$。

（2）清洁能源电站的无功补偿设备接入 PCC 节点，包括动态无功补偿和静态无功补偿两种，并且静态无功补偿的容量远大于动态无功补偿设备的容量。

然而，电压安全域需根据两级电压控制的最优电压设定值的改变而重新计算，两级电压控制以最小化全网的网损为目标，得到电容器的投切量，并且在清洁能源电站无功功率-电压控制中不再改变。除此之外，不同的时间断面得到的清洁能源预测是不同的，并且清洁能源功率具有一定的随机性。为保证系统在不确定清洁能源功率下的电压安全，可将清洁能源功率的预测误差建立为区间数，并且电压安全域能够保证无论有功功率如何在区间内变化，所得到的电压安全域都是能够保证安全性的，这样得到的电压安全域称为鲁棒电压安全域。

2.1.3.2 两级电压安全域的建立方法

清洁能源电站无功功率控制时间周期为 $5 \sim 20 \mathrm{s}$，因此可采用准稳态模型进行分析。对于准稳态模型，通常采用基于灵敏度的线性化潮流方程的方法，根据正常运行状态下的潮流雅克比矩阵即可得到线性化方程。从系统级角度分析，系统级线性化潮流方程中仅包含清洁能源电站并网的 PCC 节点的电压幅值的安全性，而清洁能源电站级线性化潮流方程需要考虑清洁能源电站精细拓扑结构以及所有清洁能源电站的电压和 PCC 节点电压的安全性。潮流方程为

$$\Delta U_{\mathrm{PCC}, w} = \sum_{i=1}^{N_w} (H_{w,i} \Delta P_{w,i} + S_{w,i} \Delta Q_{w,i}), w = 1, \cdots, N_w \tag{2-5}$$

$$\Delta U_{\mathrm{PCC}, w} = \sum_{i=1}^{N_w} (h_{w,i}^0 \Delta p_{w,i} + s_{w,i}^0 \Delta q_{w,i}), w = 1, \cdots, N_w \tag{2-6}$$

$$\Delta u_{w,j} = \sum_{i=1}^{N_w} (h_{j,i}^0 \Delta p_{w,i} + s_{j,i}^0 \Delta q_{w,i}), j = 1, \cdots, N_u \tag{2-7}$$

式中　$H_{w,i}$、$S_{w,i}$——系统级的灵敏度矩阵，包括正常运行情况下的系统级灵敏度矩阵 $H_{w,i}^0$、$S_{w,i}^0$ 和故障 s 情况下的系统级灵敏度矩阵 $H_{w,i}^s$、$S_{w,i}^s$；

　　$\Delta U_{\mathrm{PCC}, w}$、$\Delta u_{w,j}$——PCC 节点和风电机组、光伏单元的电压偏差量；

　　$h_{w,i}^0$、$s_{w,i}^0$——正常运行情况下的清洁能源电站级灵敏度矩阵；

　　N_w——清洁能源电站个数；

　　N_u——清洁能源电站的风电机组、光伏单元个数；

　　$\Delta p_{w,i}$——清洁能源电站 w 中风电机组、光伏单元的有功功率偏差；

　　$\Delta q_{w,i}$——清洁能源电站 w 中风电机组、光伏单元的无功功率偏差。

1. 系统级鲁棒电压安全域

对于系统级的电压安全域，其主要目标是寻找每个清洁能源电站无功功率范围，来保证所有清洁能源电站 PCC 节点电压在给定的合理范围内，并且在考虑清洁能源

电站 $N-1$ 后，假设清洁能源电站 w 脱网，该清洁能源电站内风电机组、光伏单元的无功功率和有功功率均降为 0，但所接入静态无功补偿装置的无功功率则保持不变，即

$$U_{PCC,i,min} \leqslant U_{PCC,i}^0 + \sum_{w=1}^{N_w} S_{i,w}^0 (Q_w - Q_w^0) + \sum_{w=1}^{N_w} H_{i,w}^0 \Delta P_w \leqslant U_{PCC,i,max}, i = 1, \cdots, N_w$$

$$(2-8)$$

$$U_{PCC,i,min} \leqslant U_{PCC,i}^s + \sum_{w=1}^{N_w} S_{i,w}^s (Q_w - Q_w^s) + \sum_{w=1}^{N_w} H_{i,w}^s \Delta P_w \leqslant U_{PCC,i,max},$$
$$i = 1, \cdots, N_w, s = 1, \cdots, N_s \qquad (2-9)$$

$$\forall \Delta P_w \in [\Delta P_{w,min}, \Delta P_{w,max}], w = 1, \cdots, N_w \qquad (2-10)$$

$$Q_{w,min} \leqslant Q_w \leqslant Q_{w,max}, w = 1, \cdots, N_w \qquad (2-11)$$

式中　　　　　ΔP_w——清洁能源电站总的有功功率偏差；

Q_w——清洁能源电站总的无功功率偏差；

U_{PCC}——清洁能源电站 PCC 节点电压幅值；

Q_w^0——清洁能源电站 w 的无功补偿；

$U_{PCC,i,min}$、$U_{PCC,i,max}$——清洁能源电站 w 的 PCC 节点电压上下界；

$\Delta P_{w,min}$、$\Delta P_{w,max}$——清洁能源电站 w 的总的有功功率上下界；

$Q_{w,min}$、$Q_{w,max}$——清洁能源电站 w 的总的无功功率上下界；

N_s——故障场景个数。

考虑清洁能源电站输出功率的随机性，电压安全域也呈现一定的随机特征。系统级的电压安全域可以看成一个不确定的单纯形体，如图 2-13 所示。其中，安全域中的阴影表示该区域的电压在不确定清洁能源电站输出功率下可能导致的不安全。为了在电压安全域中考虑清洁能源电站输出功率的不确定性，可采用鲁棒电压安全域，即图 2-13（a）中去掉阴影部分的区域。进而，不确定安全域可以表示为

$$\Omega = \{Q_w | U_{PCC,min} \leqslant AQ_w + B\Delta P_w + c \leqslant U_{PCC,max}, \forall \Delta P_w \in [\Delta P_{w,min}, \Delta P_{w,max}]\}$$

$$(2-12)$$

$$其中，A = \begin{bmatrix} S^0 \\ S^1 \\ \vdots \\ S^{N_s} \end{bmatrix}, B = \begin{bmatrix} H^0 \\ H^1 \\ \vdots \\ H^{N_s} \end{bmatrix}, c = \begin{bmatrix} U_{PCC}^0 - S^0 Q_w^0 \\ U_{PCC}^1 - S^1 Q_w^1 \\ \vdots \\ U_{PCC}^{N_s} - S^{N_s} Q_w^{N_s} \end{bmatrix}$$

$$B\Delta P_w = [B^+ \Delta P_{w,min} + B^- \Delta P_{x,max}, B^- \Delta P_{w,min} + B^+ \Delta P_{w,max}] \qquad (2-13)$$

式中　Ω——鲁棒电压安全域；

B^+——B 中正元素组成的矩阵，$B^+ = \max(B, 0)$；

B^-——B 中负元素组成的矩阵，$B^- = \min(B, 0)$。

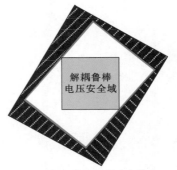

（a）鲁棒电压安全域　　　　　　　　（b）解耦鲁棒电压安全域

图 2-13　系统级电压安全域

为简化起见，令

其中

$$[\boldsymbol{\vartheta}^-,\boldsymbol{\vartheta}^+]=\boldsymbol{B}\Delta P_w+\boldsymbol{c}$$

$$\boldsymbol{\vartheta}^-=\boldsymbol{B}^+\Delta P_{w,\min}+\boldsymbol{B}^-\Delta P_{w,\max}+\boldsymbol{c}$$

$$\boldsymbol{\vartheta}^+=\boldsymbol{B}^-\Delta P_{w,\min}+\boldsymbol{B}^+\Delta P_{w,\max}+\boldsymbol{c} \tag{2-14}$$

那么，系统级的鲁棒电压安全域可以表示为

$$\Omega=\{\boldsymbol{Q}_w\,|\,(\boldsymbol{U}_{\mathrm{PCC,min}}-\boldsymbol{\vartheta}^-\leqslant \boldsymbol{A}\boldsymbol{Q}_w\leqslant \boldsymbol{U}_{\mathrm{PCC,max}}-\boldsymbol{\vartheta}^+)\bigcap \boldsymbol{Q}_{w,\min}\leqslant \boldsymbol{Q}_w\leqslant \boldsymbol{Q}_{w,\max}\} \tag{2-15}$$

需要说明的是，所得到的鲁棒电压安全域 Ω 中每个清洁能源电站的无功功率是相互独立解耦的，即每个清洁能源电站的电压安全域和其他清洁能源电站的电压安全域是相互独立的。这是因为，某个清洁能源电站很难得到其他清洁能源电站的运行信息。对于系统级的控制，其目标是为了协调各个清洁能源电站来找到一个能够解耦控制的电压安全域，从而每个清洁能源电站能够独立地进行清洁能源电站内部的风电机组、光伏单元控制。通常无功功率-电压灵敏度矩阵 $\boldsymbol{H}$ 中的元素都是整数，因此解耦过程能够找到单纯形体 Ω 内最大的长方体，如图 2-13（b）所示。由于 $[\boldsymbol{Q}_w^-,\boldsymbol{Q}_w^+]$ 为鲁棒电压安全域中解耦的无功功率范围，根据区间数学的定义，有

$$\overline{\Omega}=\left\{[\boldsymbol{Q}_w^-,\boldsymbol{Q}_w^+]\left|\begin{array}{l}\boldsymbol{A}\boldsymbol{Q}_w\subseteq[\boldsymbol{U}_{\mathrm{PCC,min}}-\boldsymbol{\vartheta}^-,\boldsymbol{U}_{\mathrm{PCC,max}}-\boldsymbol{\vartheta}^+]\\ [\boldsymbol{Q}_w^-,\boldsymbol{Q}_w^+]\subseteq[\boldsymbol{Q}_{w,\min},\boldsymbol{Q}_{w,\max}]\\ \forall\,\boldsymbol{Q}_w\in[\boldsymbol{Q}_w^-,\boldsymbol{Q}_w^+]\end{array}\right.\right\} \tag{2-16}$$

即

$$\overline{\Omega}=\left\{[\boldsymbol{Q}_w^-,\boldsymbol{Q}_w^+]\left|\begin{array}{l}\boldsymbol{A}\boldsymbol{Q}_w^+\leqslant \boldsymbol{U}_{\mathrm{PCC,max}}-\boldsymbol{\vartheta}^+\\ \boldsymbol{A}\boldsymbol{Q}_w^-\geqslant \boldsymbol{U}_{\mathrm{PCC,min}}-\boldsymbol{\vartheta}^-\\ \boldsymbol{Q}_{w,\min}\leqslant \boldsymbol{Q}_w^-\leqslant \boldsymbol{Q}_w^+\leqslant \boldsymbol{Q}_{w,\max}\end{array}\right.\right\} \tag{2-17}$$

解耦的系统级无功功率范围为

$$\max\sum_{w=1}^{N_w}\frac{Q_w^+-Q_w^-}{Q_{w,\max}-Q_{w,\min}} \tag{2-18}$$

$$\text{s. t.} \quad AQ_w^+ \leqslant U_{\text{PCC,max}} - \boldsymbol{\vartheta}^+ \tag{2-19}$$

$$AQ_w^- \geqslant U_{\text{PCC,min}} - \boldsymbol{\vartheta}^- \tag{2-20}$$

$$Q_{w,\min} \leqslant Q_w^- \leqslant Q_w^+ \leqslant Q_{w,\max} \tag{2-21}$$

2. 清洁电站级鲁棒电压安全域

清洁能源电站级鲁棒电压安全域用以保证清洁能源电站内每台风电机组、光伏单元机端电压在有功功率随机扰动下依旧能够在安全合理的范围内。对于清洁能源电站 w（$w=1,\cdots,N_w$），其鲁棒电压安全域可表示为

$$u_{w,i,\min} \leqslant u_{w,i} + \sum_{j=1}^{N_{w,s}} s_{w,i,j}^0 (q_{w,j} - q_{w,j}^-) + \sum_{j=1}^{N_{w,s}} h_{w,i,j}^0 \Delta p_{w,j} \leqslant u_{w,i,\max}, i=1,\cdots,N_u$$

$$\tag{2-22}$$

$$\forall \Delta p_{w,j} \in [\Delta p_{w,j,\min}, \Delta p_{w,j,\max}], j=1,\cdots,N_u \tag{2-23}$$

$$q_{w,j,\min} \leqslant q_{w,j} \leqslant q_{w,j,\max}, j=1,\cdots,N_u \tag{2-24}$$

采用矩阵形式，可以表示为

$$[\Theta_w] = \{q_w \mid \boldsymbol{u}_{\min} \leqslant \boldsymbol{C}q_w + \boldsymbol{D}\Delta p_w \leqslant \boldsymbol{u}_{\max}, \forall \Delta p_w \in [\Delta p_{w,\min}, \Delta p_{w,\max}]\} \tag{2-25}$$

其中 $$\boldsymbol{D}\Delta p_w = [\boldsymbol{D}^+ \Delta p_{w,\min} + \boldsymbol{D}^- \Delta p_{w,\max}, \boldsymbol{D}^- \Delta p_{w,\min} + \boldsymbol{D}^+ \Delta p_{w,\max}] \tag{2-26}$$

为简化起见，令

$$[\boldsymbol{\zeta}_w^-, \boldsymbol{\zeta}_w^+] = \boldsymbol{D}\Delta p_w$$

$$\boldsymbol{\zeta}_w^- = \boldsymbol{D}^+ \Delta p_{w,\min} + \boldsymbol{D}^- \Delta p_{w,\max}$$

$$\boldsymbol{\zeta}_w^+ = \boldsymbol{D}^- \Delta p_{w,\min} + \boldsymbol{D}^+ \Delta p_{w,\max} \tag{2-27}$$

那么，清洁能源电站级鲁棒电压安全域为

$$\Theta_w = \{q_w \mid (\boldsymbol{u}_{w,\min} - \boldsymbol{\zeta}_w^- \leqslant \boldsymbol{C}q_w \leqslant \boldsymbol{u}_{w,\max} - \boldsymbol{\zeta}_w^+) \bigcap q_{w,\min} \leqslant q_w \leqslant q_{w,\max}\} \tag{2-28}$$

3. 两级迭代协调算法

基于所提出的鲁棒电压安全域本质是一个优化问题，其目的是寻找 PCC 节点的电压范围，同时保证清洁能源电站级和系统级的电压安全域非空，即 $\{\Omega, \Theta_1, \Theta_2, \cdots, \Theta_{N_w}\}$ 是一个非空集合。从清洁能源电站级鲁棒电压安全域可以看出，清洁能源电站总的有功功率以及 PCC 电压范围应该由每个风电机组、光伏单元各自给出，而能够保证安全的清洁能源电站无功功率范围则应该由系统级鲁棒电压安全域给出。为了求解这个优化问题，采用两级迭代协调方法来求解 PCC 节点电压范围，并且清洁能源电站级和系统级鲁棒电压安全域同时进行更新求解。

起初，系统级鲁棒电压安全域由每个清洁能源电站独立信息构建，进而，每个清洁能源电站总的无功功率可由系统级确定，根据式（2-28）可获得，即 $[Q_{\min}, Q_{\max}]$。因此，总的有功功率扰动以及总的无功功率范围和清洁能源电站 w 的 PCC 节点电压范围为：

总的有功功率扰动

$$\Delta P_{w,\min} = \min \sum_{j=1}^{N_{w,s}} \Delta p_{w,j}, \Delta P_{w,\max} = \max \sum_{j=1}^{N_{w,s}} \Delta p_{w,j} \qquad (2-29)$$

总的无功功率范围

$$\left.\begin{aligned}
\Delta Q_{w,\min} &= \min_{q_w} \sum_{j=1}^{N_w} q_{w,j} + Q_{C,w}^0 & \Delta Q_{w,\max} &= \max_{q_w} \sum_{j=1}^{N_w} q_{w,j} + Q_{C,w}^0 \\
\text{s. t.} \quad & q_w \in \Theta_w & \text{s. t.} \quad & q_w \in \Theta_w \\
& Q_w^- \leqslant \sum_{j=1}^{N_w} q_{w,j} \leqslant Q_w^+ & & Q_w^- \leqslant \sum_{j=1}^{N_w} q_{w,j} \leqslant Q_w^+
\end{aligned}\right\} \qquad (2-30)$$

PCC 节点电压范围

$$\left.\begin{aligned}
U_{PCC,w,\max} &= \min_{\Delta p} \max_{q_w} U_{PCC,w}^0 + \sum_{j=1}^{N_w} w_{w,j}(q_j - q_j^0) + \sum_{j=1}^{N_w} h_{w,j} \Delta p_j \\
\text{s. t.} \ & q_w \in \Theta_w, Q_w^- \leqslant \sum_{j=1}^{N_w} q_{w,j} \leqslant Q_w^+, \forall \Delta p_w \in [\Delta p_{w,\min}, \Delta p_{w,\max}]
\end{aligned}\right\} \qquad (2-31)$$

$$\left.\begin{aligned}
U_{PCC,w,\min} &= \max_{\Delta p} \min_{q_w} U_{PCC,w}^0 + \sum_{j=1}^{N_w} s_{w,j}(q_j - q_j^0) + \sum_{j=1}^{N_w} h_{w,j} \Delta p_j \\
\text{s. t.} \ & q_w \in \Theta_w, Q_w^- \leqslant \sum_{j=1}^{N_w} q_{w,j} \leqslant Q_w^+, \forall \Delta p_w \in [\Delta p_{w,\min}, \Delta p_{w,\max}]
\end{aligned}\right\} \qquad (2-32)$$

其中，式（2-31）和式（2-32）为"max-min"或者"min-max"鲁棒优化模型，该模型可以转化为一个简单的二次规划模型，即

$$\left.\begin{aligned}
U_{PCC,w,\max} &= \max_{q_w} U_{PCC,w}^0 + \sum_{j=1}^{N_w} s_{w,j}(q_j - q_j^0) + \sigma_w^- \\
\text{s. t.} \ & q_w \in \Theta_w, Q_w^- \leqslant \sum_{j=1}^{N_w} q_{w,j} \leqslant Q_w^+, \forall \Delta p_w \in [\Delta p_{w,\min}, \Delta p_{w,\max}]
\end{aligned}\right\} \qquad (2-33)$$

$$\left.\begin{aligned}
U_{PCC,w,\min} &= \min_{q_w} U_{PCC,w}^0 + \sum_{j=1}^{N_w} s_{w,j}(q_j - q_j^0) + \sigma_w^+ \\
\text{s. t.} \ & q_w \in \Theta_w, Q_w^- \leqslant \sum_{j=1}^{N_w} q_{w,j} \leqslant Q_w^+, \forall \Delta p_w \in [\Delta p_{w,\min}, \Delta p_{w,\max}]
\end{aligned}\right\} \qquad (2-34)$$

其中

$$\left.\begin{aligned}
[\sigma_w^-, \sigma_w^+] &= \sum_{j=1}^{N_w} h_{w,j} \Delta p_j \\
\sigma_w^- &= \sum_{j=1}^{N_w} (h_{w,j}^- \Delta p_{j,\max} + h_{w,j}^+ \Delta p_{j,\min}) \\
\sigma_w^+ &= \sum_{j=1}^{N_w} (h_{w,j}^- \Delta p_{j,\min} + h_{w,j}^+ \Delta p_{j,\max})
\end{aligned}\right\} \qquad (2-35)$$

两级迭代协调算法最终形成了每个清洁能源电站 PCC 节点的电压范围。为了衡量第 i 次迭代和第 $i+1$ 次迭代的区间收紧度 η，当 η 小于给定的预设值后，该两级迭

代算法得到收敛，其算法流程见表 2-3。η 的定义式为

$$\eta = \max_w \left| \frac{\left[U_{\text{PCC},w,\max}^k - U_{\text{PCC},w,\min}^k\right] - \left[U_{\text{PCC},w,\max}^{k-1} - U_{\text{PCC},w,\min}^{k-1}\right]}{U_{\text{PCC},w,\max}^k - U_{\text{PCC},w,\min}^k} \right| \times 100\% \qquad (2-36)$$

与此同时，系统级鲁棒电压安全域给出了每个清洁能源电站合理的总无功功率范围，则清洁能源电站级鲁棒电压安全域可以由式（2-33）和式（2-34）来更新。

表 2-3　　　　　　　　　　　两级迭代协调算法流程

步骤	流　　　　程
步骤 0	给定预设收敛精度 ε 和系统正常运行状态
步骤 1	根据式（2-36）计算 η，如果 η 比 ε 小，则停止；否则，转到步骤 2
步骤 2	根据式（2-22）～式（2-24）计算每个清洁能源电站的清洁能源电站级鲁棒电压安全域，得到 $[Q_{w,\min}, Q_{w,\max}]$、$[\Delta P_{w,\min}, \Delta P_{w,\max}]$ 和 $[U_{w,\min}, U_{w,\max}]$，即 $\{TR_w, TD_w, VM_w\}$
步骤 3	将每个清洁能源电站的信息传到系统级调度中心，根据式（2-18）～式（2-21）计算系统级鲁棒电压安全域，并得到 $[Q_w^-, Q_w^+]$，即 $\{CR_w\}$
步骤 4	将 $[Q_w^-, Q_w^+]$ 发送到每个清洁能源电站，转到步骤 1

从物理结构上分析，集中接入清洁能源电站的两级鲁棒电压安全域求解，即主站装于调度控制中心，子站装在每个清洁能源电站的监控与控制中心，如图 2-14 所示。每个子站上传各自的信息，并不关心其他清洁能源电站的具体信息，而主站在得到各个清洁能源电站的信息后，通过最优策略的求解，得到各个清洁能源电站的无功功率安全范围，并将其送到各个清洁能源电站子站，子站根据这个安全域计算各自的子站安全域。

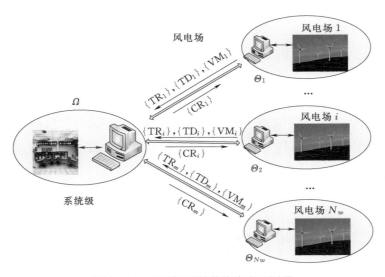

图 2-14　主站与子站的信息交互过程

2.2　多能源互补发电电压稳定性分析

2.2.1　国内外电压稳定性分析技术

根据青海电网的清洁能源发展情况分析国内电压稳定性分析技术。青海电网接入清洁能源电源主要是集群式的风光气等，而青海电网的负荷主要集中在西宁北川地区和甘河工业园区，负荷中心火电支撑较少，大量电力需要通过远距离线路送往负荷中心，负荷中心缺乏无功电源支撑，存在电压偏低问题。同时青海电网末端的海西电网网架薄弱、负荷基数小，而作为我国全球化能源发展战略之一的光伏能源就主要集中在海西电网。截至 2012 年年底，海西地区光伏发电并网容量 1223MW，占青海省光伏发电总量的 92.79%。2015 年青海电网并网光伏电站总装机容量已达到 6000MW，至 2030 年年底规划总装机容量将达到 20000MW。再考虑大量风电场、光伏电站的分散式接入，青海电网负荷承载能力和静态电压稳定裕度面临巨大考验。因此，研究青海电网静态稳定性，找到表征青海电网电压稳定性的关键变量集，并对含集群式风光水气发电的送端电网进行电压稳定性评估与控制，对促进电网更好地接纳集群式清洁能源电源具有重要指导意义。

对于电压失稳、崩溃事故，运行人员首先要了解当前电力系统运行状态是否稳定，系统离电压崩溃点还有多远或稳定裕度有多大；然后制定确定电压稳定程度的指标，以便运行人员做出正确的判断和相应的对策。

目前广泛应用的电压静态稳定分析指标多数是基于潮流或扩展潮流方程的，以电力网络的极限输送能力作为电压崩溃的临界点。国内外常用的静态电压稳定指标包括灵敏度指标，特征值、奇异值指标，裕度指标，以及基于多潮流解方法的 VIPI 指标，能量函数指标，基于近似等效方法的阻抗模、局部指标等。

1. 国内常用工程指标

在工程应用中比较实用的静态电压稳定指标应满足的要求包括：①物理意义明确，同一运行方式不同母线和不同运行方式之间的可比性强，便于比较分析和综合评价；②静态电压稳定性指标的变化应具有较好的线性度，以便直观地反映出运行点和临界点之间的裕度；③静态电压稳定的临界点在理论上有确切的含义；④根据静态电压稳定性指标，能够确定出系统的相对薄弱环节和薄弱区域，便于有针对性地采取控制和加强措施；⑤从工程应用的角度，应计算速度快，在保证一定准确度的基础上允许有一定的误差。

在众多指标中，裕度指标被工程应用领域所广泛采纳。裕度指标定义为：从系统给定运行状态出发，按照某种模式，通过负荷增长或传输功率的增长逐步逼近电压崩溃点，则系统当前运行点到电压崩溃点的距离（kV、MW、Mvar）可作为电压稳定程度的指标，称之为稳定裕度。裕度指标具有以下优点：①能给运行人员提供一个较直观的表示系统当前运行点到电压崩溃点的量度；②系统运行点到电压崩溃点的距离与裕度指标的大小呈现线性关系；③可以比较方便地计及过渡过程中的各种约束条件、发电机的有功功率分配、负荷增长方式等的影响。

在我国有关电网电压、无功功率的导则和标准中，涉及静态电压稳定评价方面的较少，但在 2001 年修订的《电力系统安全稳定导则》（DL 755—2001）中提出，可使用 PV、VQ 曲线方法仿真变化过程缓慢的长期电压失稳问题，求取电压稳定裕度，确定系统的关键母线、关键线路和关键机组，确定系统电压稳定相对薄弱的区域，为运行和规划人员的进一步分析提供依据。在实际应用中，多利用 VQ 曲线得到的母线无功裕度来分析确定系统的静态电压稳定性和系统的薄弱节点及薄弱区域。

2. 其他国家的工程指标

（1）美国西部电力协调委员会（Western Electricity Coordinating Council，WECC）工程指标。美国西部电力协调委员会的电压稳定标准是根据有功和无功裕度制定的。所有的成员系统必须在考虑不确定性因素的基础上给出最小的指定裕度，该裕度在 $N-0$ 的基本情况下必须大于性能等级 A（系统中发生任何单一扰动时，外部系统不受到如失负荷或设备负荷超出紧急事故范围之类的不利影响）的裕度标准，且在正常情况下不启动矫正措施时，允许无法预料的负荷增加或联络潮流变化。

（2）俄罗斯电力系统工程指标。俄罗斯电力系统采用电压裕度作为电压稳定指标，电压裕度计算式为

$$K_V = \frac{U - U_{KP}}{U} \tag{2-37}$$

式中　U——所研究运行方式下的负荷点电压；

　　　U_{KP}——该点极限电压，当电压低于此极限值时，会引起电动机的静态失稳。

对于 110kV 以及更高电压等级的线路，俄罗斯电力系统规定负荷点的极限电压应不低于 $0.7U_{HOM}$ 和 $0.7U_{HOPM}$。其中，U_{HOM} 为所考察负荷点的额定电压；U_{HOPM} 为所考察负荷点在正常运行方式下的电压。在实际工程中，为了校核负荷点电压标准裕度的执行情况，可以参照电力系统中任一节点的电压，其稳定裕度值不应低于表 2-4 所示数值。所参照的节点电压值可以通过潮流计算来确定。

表 2-4　　　　　　　　稳 定 裕 度 值 表

断面潮流	电压最小裕度/kV	断面潮流	电压最小裕度/kV
正常潮流	0.15	强制潮流	0.10
加重潮流	0.15		

在规范化扰动下，故障后运行方式应满足电压裕度不小于 0.1kV。

2.2.2 面向大系统仿真的清洁能源稳态模型

2.2.2.1 风电场的稳态模型选取

1. 考虑机组类型的风电场稳态模型选取

理想的情况是将风电机组的稳态等值电路添加到潮流程序中，得到相应的滑差、有功功率和无功功率，从而求得修正方程式中的有功功率、无功功率不平衡量，进而修改雅克比矩阵，进行后续迭代计算。但是，这种基于风电机组稳态等值电路的考虑无功功率变化的等值方法使潮流计算变得更加复杂，现有的电力系统仿真分析软件难以实现，因此通常是根据不同类型风电场的特性来对其进行等值。

目前，风电机组根据所采用的发电机类型不同主要分为固定转速风电机组（Fixed Speed Induction Generator，FSIG）、转子电阻可调风电机组（Wound Rotor Induction Generator，WRIG）、双馈感应风电机组（Doubly Fed Induction Generator，DFIG）和永磁直驱风电机组（Permanent Magnet Synchronous Generator，PMSG）。FSIG 一般采用鼠笼式感应发电机，WRIG 与 FSIG 采用的为恒速恒频风力发电机，DFIG 和 PMSG 采用的是变速恒频风力发电机。不同类型风电机组的稳态模型一般考虑将其处理为 PQ 或 PV 节点。

通过分析可知，基于 FSIG 和 WRIG 的风电场由于无励磁控制，风电机组向电网提供有功功率的同时，还需要从电网吸收无功功率为发电机励磁，不能控制电网电压，一般把其当成 PQ 节点处理。

DFIG 和 PMSG 是具有交流励磁性能的风电机组，本身具有一定的无功调节能力，在工程实际中将这两类风电机组等效为功率因数恒定的 PQ 节点或者是无功功率有一定限制的 PV 节点。

不同风电场的稳态模型选取见表 2-5。

表 2-5　　　　　　　　不同风电场的稳态模型选取

风电场的风电机组类型	控制模式	稳态模型
FSIG	恒功率因数控制	PQ 节点，Q 为常数
WRIG	恒功率因数控制	PQ 节点，Q 为常数
DFIG	恒功率因数控制	PQ 节点，Q 为常数
DFIG	恒电压控制	PV 节点，无功功率有限制
PMSG	恒功率因数控制	PQ 节点，Q 为常数
PMSG	恒电压控制	PV 节点，无功功率有限制

2. 考虑电源容量的风电场稳态模型选取

通常风电场是否设置为 PV 节点取决于其控制能力和控制方式，当其控制能力强或装有足够容量的无功补偿装置时，可以将该风电场并网点设置为 PV 节点，但是考虑风电场容量和其实际控制能力，是否将其设置为 PV 节点是需要进一步考虑的。

以含风电场的 CIGRE B4 - 39 网络（图 2 - 15）和 GE1.5MW 双馈感应风电机组为例，当风电机组均采用恒电压控制，且额定出力时，对容量不同的风电场的潮流分布进行仿真，结果见表 2 - 6。

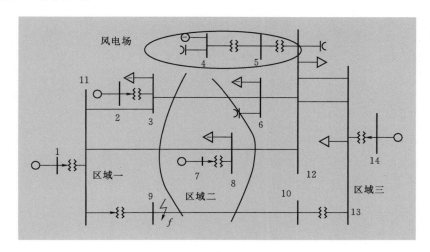

图 2 - 15　含风电场的 CIGRE B4 - 39 网络

表 2 - 6　　　　　　　容量不同的风电场在并网点设为 PV 节点时的潮流结果

机组台数	S/MVA	P_{max}/MW	P_{min}/MW	Q_{max}/Mvar	Q_{min}/Mvar	Q/Mvar	功率因数	风电场容量占比/%
1	1.67	1.5	0.07	0.726	−0.726			
10	16.7	15	0.7	7.26	−7.26	−7.26	−0.900114	1.48
20	33.4	30	1.4	14.52	−14.52	−14.52	−0.900114	2.91
21	35.07	31.5	1.47	15.246	−15.246	−15.0911	−0.901846	3.05
22	36.74	33	1.54	15.972	−15.972	−15.1531	−0.908771	3.19
25	41.75	37.5	1.75	18.15	−18.15	−15.3093	−0.92582	3.61
30	50.1	45	2.1	21.78	−21.78	−15.471	−0.945672	4.31
40	66.8	60	2.8	29.04	−29.04	−15.4245	−0.968509	5.66
50	83.5	75	3.5	36.3	−36.3	−14.8847	−0.98087	6.98
60	100.2	90	4.2	43.56	−43.56	−13.8499	−0.988366	8.26
70	116.9	105	4.9	50.82	−50.82	−12.3166	−0.99319	9.50
80	133.6	120	5.6	58.08	−58.08	−10.2798	−0.996351	10.71
90	150.3	135	6.3	65.34	−65.34	−7.7327	−0.998364	11.89
100	167	150	7	72.6	−72.6	−4.6666	−0.999516	13.04
110	183.7	165	7.7	79.86	−79.86	−1.0707	−0.999979	14.16

续表

机组台数	S/MVA	P_{max}/MW	P_{min}/MW	Q_{max}/Mvar	Q_{min}/Mvar	Q/Mvar	功率因数	风电场容量占比/%
115	192.05	172.5	8.05	83.49	−83.49	0.465	0.999996	14.71
118	197.06	177	8.26	85.668	−85.668	1.0981	0.999981	15.04
119	198.73	178.5	8.33	86.394	−86.394	1.3146	0.999973	15.15
120	200.4	180	8.4	87.12	−87.12	1.534	0.999964	15.25
150	250.5	225	10.5	108.9	−108.9	9.455	0.999118	18.37
160	267.2	240	11.2	116.16	−116.16	12.7024	0.998602	19.35
170	283.9	255	11.9	123.42	−123.42	18.1524	0.997476	20.32
175	292.25	262.5	12.25	127.05	−127.05	25.1229	0.995451	20.79
177	295.59	265.5	12.39	128.502	−128.502	29.9072	0.993715	20.98
178	297.26	267	12.46	129.228	−129.228	不稳定		21.07
200	334	300	14	145.2	−145.2	不稳定		23.08

根据国标《风电场接入电力系统技术规定》（GB/T 19963—2011），当风电机组运行在不同的输出功率时，风电机组的可控功率因数变化范围应为−0.95～0.95。从仿真结果可以看出，当风电场有功功率小于 20MW 时，即风电场容量占全网电源容量的百分比为 2.91% 时，需要从系统吸收无功功率，且功率因数比较低，若需要满足规定的功率因数要求，则无功功率将会越限。因此，对于该系统，当风电场容量占全网容量的百分比小于 2.91% 时，将风电场运行在恒功率状态即可，风电场并网点处理为 PQ 节点。

当风电场容量占全网容量的百分比为 2.91%～14.71% 时，风电场运行在恒电压状态，在满足输出功率因数合格的条件下，维持并网点电压水平，此时风电场既可以恒功率因数运行，也可以恒电压运行，即可以将其处理为 PQ 节点或 PV 节点。

随着风电场容量继续增大，大于 115MW 后，风电场还能向系统输送无功功率，也就是说，随着风电场容量的增加，当它具备一定的无功调节能力时，可以将其当作 PV 节点。另外，通过潮流计算分析，当有功功率大于 178MW（风电占全网容量的 21.07%）时，潮流不收敛，风电场电压很低，属于越限范围。

通过以上仿真分析可以看出：当风电场容量较小时（对于 CIGRE B4-39 网络，容量占比小于 2.91%），风电场输出功率的变化对电网电压的影响很小，不能独立承担电网电压的调整作用，风电场只能运行在恒功率状态，因此可以将其直接处理为 PQ 节点；当风电场容量相对较大（对于 CIGRE B4-39 网络，容量占比位于 2.91%～14.71%），风电场具有一定的无功控制能力，可以根据需要设置一定的无功补偿装置，使风电场运行在恒功率或是恒电压状态，进而将其等值为 PQ 或 PV 节点；当风电场容量继续增大（对于 CIGRE B4 - 39 网络，容量占比位于 14.71% ~ 21.07%），此时风电场具备足够的无功调节能力，其输出功率的变化对并网点电压影响较大，建议将其运行在恒电压运行状态，通过控制风电场风电机组和无功补偿设备发出或吸收的无功功率实现对电网电压的调整，此时将风电场处理为 PV 节点；而当风电场容量过大（对于 CIGRE B4 - 39 网络，容量占比大于 21.07%），潮流不收敛，不满足系统静态稳定性要求，对于这种大容量的风电场，需要将风电机组的稳态等值电路添加到潮流程序中进行计算。

2.2.2.2 光伏电站的稳态模型选取

光伏电站是由多个容量较小的光伏发电单元组成，若在潮流计算中详细建模，将会极大地增加模型的复杂度，不适合实际工程应用。因此，需要对光伏电站的潮流计算等值模型进行研究。

目前，光伏发电单元在潮流计算中表现出的稳态运行特性主要由逆变器的并网控制模式决定。电压源型的逆变器采用电力电子器件如绝缘栅双极性晶体管（Insulated Gate Bipolar Transistor，IGBT）控制逆变器交流侧电压的幅值和相角，实现有功功率、无功功率的解耦控制。根据逆变器的控制模式可以采用常规的 PQ 节点或者 PV 节点对光伏电站进行等值，由于潮流计算中光伏电站的并网特性主要反映在并网点的注入功率，其等值前后必须保证注入功率不变，而光伏电站向电网注入的功率为光伏阵列输出的功率减去集电系统中的功率损耗，因此可以根据总损耗相等的原则对集电系统进行处理。

对于光伏电站而言，光伏阵列输出的功率受天气影响较大，发电具有非常明显的间歇性，同时，逆变器产生无功功率的成本非常高，一般来说，光伏电站多采用恒功率因数控制，且功率因数控制为 0.92 左右，这种情况下可将光伏电站等值成 PQ 节点；而当需要光伏电站产生无功功率来支持并网点电压，使其保持恒定值时，需要采用恒电压控制方式，此时在潮流计算中将其处理为 PV 节点。

对于大容量光伏电站，已知其逆变器控制模式时，可以根据以下方法确定其潮流计算模型。

逆变器一般分为电流控制型和电压控制型，对于电流控制型，其输出的有功功率和注入配电网的电流是恒定的，而注入的无功功率为

$$Q = \sqrt{|I|^2(e^2 + f^2) - P^2} \tag{2-38}$$

式中　I——注入配电网的恒定电流；

　　　P——输出的恒定有功功率；

　e、f——并网点电压的实部和虚部。

在潮流计算中，根据每次迭代得到的电压的实部和虚部计算其注入的无功功率，

然后在下次迭代时，把其转换为 PQ 节点。

若为电压控制型，则处理为 PV 节点，当注入的电流达到边界值后转化为电流控制型来处理。

2.2.3　面向大系统仿真的清洁能源暂态模型

2.2.3.1　风光电源暂态模型选取需要考虑的问题

目前，在大系统仿真中通常将光伏电站和风电场等值为负荷模型、单机模型或多机模型。本小节从电源装机容量、电源的并网点位置、电源的混杂度、场内发电单元的排列方式 4 个方面探讨大系统仿真时风光电源暂态模型选取的问题，然后应用差异性指标评估选取不同暂态模型对大电网仿真的影响，给出适用于大系统仿真的风光电源暂态模型选取方法，最后基于某实际地区电网网架数据验证所提方法的有效性。

由于目前光伏电站的装机容量相对风电场来说较小，本小节的以风电场为例进行仿真，选取的方法和结论可以应用到光伏电站。

1. 电源装机容量

风电场和光伏电站的装机容量是模型选取时一个最直接的影响因素。为分析电源装机容量对其暂态等值模型选取的影响，选用某地区实际电网系统进行研究，其地理接线图如图 2-16 所示。其中 220kV 两英站通过联络线 1 与主网相连，设风电场 A 是该地区待等值的一座双馈型风电场，当其装机容量分别为 15MW、285MW、700MW 时，分别采用负荷模型、单机模型、多机模型进行模拟。设风电场的初始风速为 9.7m/s，对于设计的扰动 1，$t=1s$ 时两英站至红场 K0A 站第 2 回线线路 50% 处发生

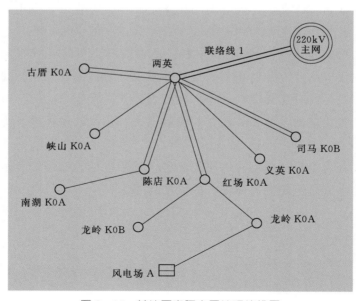

图 2-16　某地区实际电网地理接线图

三相短路故障，$t=1.2s$ 时两侧断路器断开，同时 $t=1s$ 时加入幅值 4m/s、持续时间为 4s 的阵风扰动，系统在扰动 1 下的仿真结果如图 2-17 所示。图中有功功率为负表示实际潮流方向为主网流向两英站。

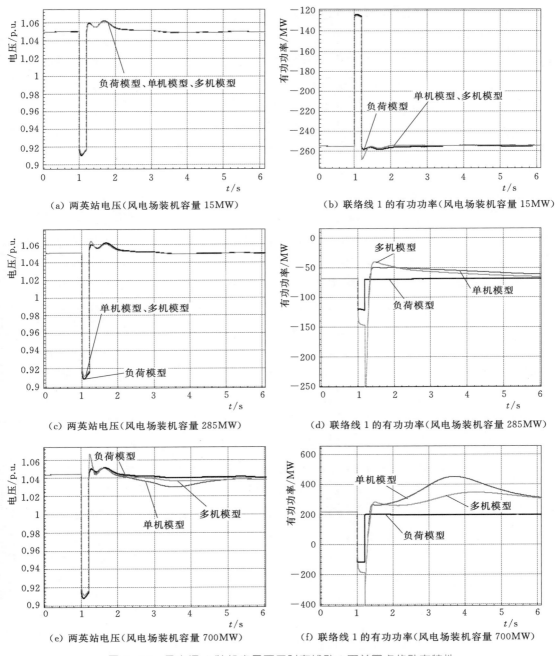

图 2-17　风电场 A 装机容量不同时在扰动 1 下并网点的动态特性

由图 2-17 可知，当风电场 A 装机容量较小时，风电场分别采用 3 种不同的等值模型，对两英站 220kV 母线电压和联络线 1 的有功功率影响不大，风电场动态对 220kV 电网的影响可以忽略不计，此时可将风电场直接处理成传统的负荷模型即可；随着风电场 A 装机容量逐渐增大，风电场采用不同的等值模型时，两英站电压和联络线 1 的有功功率的仿真结果差异渐趋明显，采用负荷模型模拟风电场已无法描述出风电场对 220kV 电网的影响；当风电场 A 的装机容量进一步增大时，风电场采用单机模型和多机模型所得到的两英站电压和联络线 1 的有功功率的仿真特性差异比较显著，其中联络线 1 的有功功率误差最大约为 39%。因此对于含大容量并网风电场的系统仿真，需要采用能反映风电机组运行差异的多机模型来表征风电场。

需要注意的是，对于不同的风电场并网系统而言，相同规模的风电场选取的模型也可能不一样。在某系统里面可能选为负荷模型，而在另一系统里面需要选为单机模型，需要根据具体网络以及仿真结果要求来定。

2. 电源的并网点位置

电源的并网点位置也是影响风光电源暂态模型选取的一个重要因素。当风光电源离研究电网高压母线较远时，可以忽略其动态特性。例如对于 500kV 电网的规划，远离待规划 500kV 电网的、接入 35kV 或 10kV 的风电场或光伏电站对大电网动态特性影响微乎其微，可以将风光电源直接用负荷模型模拟。当风光电源离研究电网较近时，需要考虑其动态特性对电网的影响，此时可以采用能反映其动态特性的单机模型或多机模型进行表征。例如对图 2-16 所示系统中的 110kV 及以下配电网进行仿真时，就不能采用负荷模型模拟风电场。这是由于风电场所处网络末端的无功功率往往出现不足，节点电压对风电注入功率的变化会比较敏感，风电场动态对局部电网的电压质量和电压稳定性的影响也会比较大，采用恒功率或恒阻抗表示的负荷模型显然表现不出这种风电场动态对电网的影响。特别地，当需要模拟电网发生某些极端故障时的风电机组脱网特性时，若风电场仍采用负荷模型模拟，必然不能表征风电场的低电压穿越特性，所得到的仿真结果会与实际情况产生较大误差。

3. 电源的混杂度

当风光电源是由多种类型的单元组成的混杂电源时，由于不同类型的电源表现出来的动态特性各不相同，需要考虑不同单元的动态差异。

以基于 FSIG、DFIG 的混杂风电场进行讨论，定义 FSIG 装机容量占整个风电场总装机容量的比值为风电场的混杂度 k，即

$$k = \frac{P_{FSIG}}{P_{DFIG} + P_{FSIG}} \qquad (2-39)$$

式中　　P_{FSIG}——FSIG 装机容量；

　　　　P_{DFIG}——DFIG 装机容量；

k——风电场的混杂度，取值范围为 $0\sim0.5$。

仍以图 2-16 所示的地区电网为研究系统，设风电场 A 为 400MW 的 FSIG、DFIG 混杂风电场，分别取 $k=0.05$、$k=0.1$、$k=0.3$，当风电场采用负荷模型、单机模型和多机模型时，在扰动 1 下的仿真结果如图 2-18 所示。其中单机模型为不考虑风电场内的风电机组类型差异，将风电场中的 FSIG 用等容量的 DFIG 替代后得到的单 DFIG 等值模型；多机模型为考虑了 FSIG 和 DFIG 的动态特性的双机等值模型。

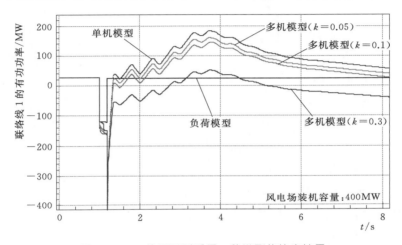

图 2-18　k 值不同时采用 3 种模型的仿真结果

从图 2-18 的仿真结果可以看出，对于大容量的混杂风电场，当 k 值比较小时，即混杂风电场的混杂度较低时，采用多机模型与单机模型所得到的结果比较接近，此时可以忽略风电场内风电机组类型的差异，直接采用单机模型即可；而当 $k=0.3$ 时，即混杂风电场的混杂度较高时，仿真结果的差异比较明显，这是由于单机模型（单DFIG 等值模型）没有表现出普通异步风电机组的动态特性（普通异步风电机组不具备低电压穿越能力，电网发生故障时，发电机机端电压过低导致保护装置动作自动脱网），此时需要采用能反映出混杂风电场特性的多机模型。

因此，在系统仿真中，对于一个大容量的混杂风电场或光伏电站，当其混杂度较小时，可不考虑其中的机型差异，用主导机型表示的单机模型模拟混杂电源；而当电源混杂度较高时，不能忽略不同机型的动态特性，需要采用能反映出混杂特性的多机模型。

4. 场内发电单元的排列方式

当待模拟的大容量风光电源距离研究电网较近，需要详细计及电源动态特性时，其风电机组、光伏单元的排列方式也是影响风光电源暂态模型选取的另一重要因素。

通常，对于混杂电源，需要先按风电机组、光伏单元类型划分群组，再考虑风电机组、光伏单元的排列。研究认为，风电场内的风电机组排列和风速分布，以及光伏电站内的光伏电池板排列是风光电源机群划分的主要依据。

2.2.3.2 风光电源暂态模型选取方法

1. 差异性评价指标

为了考察风光电源采用不同模型时仿真结果差异性大小, 定义两种差异性评价指标 $\eta_{R(i,j)}$ 和 $\beta_{R(i,j)}$ 为

$$\left.\begin{array}{l} \eta_{R(i,j)} = \max|R_i - R_j| \\[2mm] \beta_{R(i,j)} = \left|\dfrac{\eta_{R(i,j)}}{R_j}\right| \end{array}\right\} \tag{2-40}$$

式中 R_i、R_j——风光电源采用 i、j (i 或 j 取 1、2、3 分别表示负荷模型、单机模型、多机模型) 模型后, 在同一时刻仿真变量 R 的大小 (R 一般取母线电压 U 或支路有功功率 P)。

当两种指标中的任一指标满足时, 则认为风光电源模型会对仿真结果有较大影响。

(1) 当 R 为母线电压 U, 且 $\beta_{R(i,j)} \geqslant \beta_U$ (电压误差限值) 时, 则认为风光电源分别采用 i 模型和 j 模型时所得到的仿真结果差异较大。

(2) 当 R 为支路有功功率 P, 若 $\eta_{R(i,j)} \geqslant \rho P_{AL}$ (ρ 为绝对误差比例系数, P_{AL} 为风光电源接入所在片区的总有功负荷) 且 $\beta_{R(i,j)} \geqslant \beta_P$ (功率误差限值) 时, 则认为风光电源分别采用 i 模型和 j 模型时所得到的仿真结果差异较大。

其中 β_U、ρ、β_P 根据规划要求自行选取, 对应的取值范围一般为 0～7%、0～30%、0～20%。当能够容许的误差增大时, 可适当提高这些参考值。

2. 以电源容量选取模型

设待模拟电源装机容量为 P_w, 地区电网总负荷为 P_L, 则该电源的穿透率为

$$C = P_w/P_L \tag{2-41}$$

当 $C < C_{min}$, 将风光电源处理成负荷模型; 当 $C_{min} \leqslant C \leqslant C_{max}$ 时, 将风光电源处理成单机模型; 当 $C > C_{max}$ 时, 将风光电源处理成多机模型。

其中 C_{min}、C_{max} 为电网规划中按风光电源装机容量选取模型的比例阈值。对于某一给定的区域和给定仿真误差要求, 即确定的 β_U、ρ、β_P, 则该区域内各个片区的 C_{min} 和 C_{max} 也是确定的。

以一个实例给出比例阈值 C_{min} 和 C_{max} 的确定方法。图 2-19 为一个典型电网连接示意图, 右边大圈表示 220kV 主网, 其周围为 110kV 片区电网, 风电场 1～风电场 N 为片区 1 内待模拟的风电场, 线路 AA' 为片区 1 到 220kV 主网之间的联络线。

在片区 1 内任意选取一座待模拟的风电场 (例如选取风电场 1) 进行仿真分析, 当风电场 1 的装机容量 C 不同时, 分别采用负荷模型、单机模型、多机模型进行模拟, 当片区 1 发生对 220kV 主网影响最大的故障时, 比较联络线 AA' 上的有功功率和母线 A 电压的变化情况, 计算相应的 $\beta_{R(1,2)}$、$\eta_{R(1,2)}$ 和 $\beta_{R(2,3)}$、$\eta_{R(2,3)}$。则存在 C_{min} 和

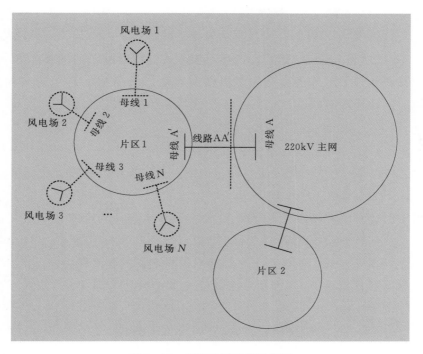

图 2-19　典型电网连接示意图

$C_{\max}$，使得

$$
\left.
\begin{aligned}
&C<_{\min}\text{时},\text{有}[\beta_{U(1,2)}<\beta_{U}]\bigcap[(\eta_{R(1,2)}<\rho P_{AL})\bigcup(\beta_{P(1,2)}<\beta_{P})] \\
&C_{\min}\leqslant C\leqslant C_{\max}\text{时},\text{有}
\begin{cases}
[\beta_{U(1,2)}\geqslant\beta_{U}]\bigcup[(\eta_{R(1,2)}\geqslant\rho P_{AL})\bigcap(\beta_{P(1,2)}\geqslant\beta_{P})] \\
[\beta_{U(2,3)}<\beta_{U}]\bigcap[(\eta_{R(2,3)}<\rho P_{AL})\bigcup(\beta_{P(2,3)}<\beta_{P})]
\end{cases} \\
&C>C_{\max}\text{时},\text{有}[\beta_{U(2,3)}\geqslant\beta_{U}]\bigcup[(\eta_{R(2,3)}\geqslant\rho P_{AL})\bigcap(\beta_{P(2,3)}\geqslant\beta_{P})]
\end{aligned}
\right\}
\quad(2-42)
$$

此时 $C_{\min}$ 和 $C_{\max}$ 即为 220kV 电网规划时片区 1 的风电场按容量选取模型的比例阈值。

根据研究数据和仿真经验，一般可设如下的故障和初始条件求取 $C_{\min}$ 和 $C_{\max}$：给定片区与规划电网的联络线或联络变压器在某一时刻发生三相短路故障，5～10 个周波后切除故障，风电场的初始有功功率为装机容量的 70%。

3. 大容量混杂风光电源的模型选取

风光电源混杂度是模型选取的主要依据之一。为便于分析，以混杂风电场为例进行分析，假设某混杂风电场由两种类型风电机组组成。此处仍引用式（2-39）中混杂度 k 的定义，设 $k=P_1/(P_1+P_2)$，其中比例较少的一类风电机组装机容量为 P_1，另一类风电机组的装机容量为 P_2。

给定的仿真电网以及误差要求可以确定一个片区内混杂风电场的混杂度比例阈值 A。当 $k<A$ 时，采用以主导机型表示的单机模型模拟混杂风电场；当 $k\geqslant A$ 时，采

用考虑机型差异的多机模型模拟混杂风电场。

比例阈值 A 的确定，以图 2-19 所示典型系统片区 1 内的某一待模拟的混杂风电场 N 为例，已知片区 1 的 C_{min}、C_{max}，当 C 超过 C_{min} 时，取不同的 k，在设置的故障扰动下，考察风电场采用单机模型和多机模型时联络线 AA' 上有功功率和母线 A 电压的变化情况，计算相应的 $\beta_{R(2,3)}$、$\eta_{R(2,3)}$。则存在 A 使得

$$\left.\begin{array}{l}k<A \text{ 时},有[\beta_{U(2,3)}<\beta_U]\bigcap[(\eta_{R(2,3)}<\rho P_{AL}\bigcup\beta_{P(2,3)}<\beta_P)]\\ k\geqslant A \text{ 时},有[\beta_{U(2,3)}\geqslant\beta_U]\bigcup[(\eta_{R(2,3)}\geqslant\rho P_{AL}\bigcap\beta_{P(2,3)}\geqslant\beta_P)]\end{array}\right\} \quad (2-43)$$

此时 A 即为 220kV 主网规划时片区 1 内混杂风电场的混杂度比例阈值。

4. 风光电源暂态模型选取原则

对于给定的仿真电网和给定的误差要求，各片区均有确定的 C_{min}、C_{max}、A。当给定电网内某片区有待模拟的第 i 个风光电源，已知其装机容量 P_{wi} 和场站内风电机组、光伏单元的排列方式，可按以下原则选取风光电源的暂态模型：

（1）根据电网总负荷 P_L 以及第 i 个风光电源的装机容量 P_{wi}，按式（2-41）计算 C_i 值。

（2）当 $C_i<C_{min}$ 时，直接将风光电源处理为负荷模型。

（3）当 $C_{min}\leqslant C_i\leqslant C_{max}$ 时，分以下两种情况讨论：

1）风光电源内各单元类型相同，则将风光电源等值成一台同类型风电机组、光伏单元。等值单元参数可以采用容量加权法求取。由于场站内电缆线路的阻抗相对于其连接的变压器及连向电网的电缆线路的阻抗小得多，一般情况下可以忽略场站内电缆线路的作用。

2）风光电源为混杂电源时，计算混杂度 k。若 $k<A$，可将比例小的那一类电源单元用等容量的另一类电源单元替代，然后将其等值成一台用主导电源单元表示的单机模型；若 $k\geqslant A$，将整个风光电源按电源单元类型差异处理成两机模型。

（4）当 $C_i>C_{max}$ 时，分以下两种情况讨论：

1）场站内电源单元类型相同。按单元排列方式进行多机等值：若场站内地势平坦，场站内各发电单元排列较规律，则直接按列进行等值，若列数过多，此时可考虑按升压变将相邻的某几列单元等值为一台风电机组、光伏单元，适当减少等值机组的台数；若场站地形较复杂，场站内各发电单元的输入变量差异性较大，此时，可以采用聚类算法进行群组划分，利用能反映发电单元运行点的风速、光照量和实测有功功率等作为群组分类指标，以发电单元具有相同或相近的运行点为群组划分原则，将具有相同运行点的发电单元划分为一个群组，并分别用一台发电单元等值一个群组，建立风光电源的多机模型。

2）混杂风光电源。计算场站混杂度 k，若 $k<A$，用主导发电单元表示实际单元，然后根据场站内发电单元的排列方式进行多机等值；若 $k\geqslant A$，先将混杂风光电

源按发电单元类型差异划分为 2 个大的群组，然后根据发电单元的排列方式对 2 个大群组内部进行多机等值。

2.2.4　多能源互补系统关键变量集提取方法

2.2.4.1　系统关键变量集的确定

对于给定的电网来说，总有一组能够表征系统运行状态的高维状态变量来描述系统的平衡状态或是稳态运行状态，即"多维空间"，但是这样一组数以千计的高维状态变量很难形象有效地描述风电集群对系统运行状态的影响。同时，对高阶电力系统的所有状态变量进行监视和分析既无法实现也没有必要。因此，宜选择能反映集群式风光功率波动的系统主导动态特性的关键变量，便于系统连续监视电网受风光集群影响的漂移程度，进而确定受风光电源影响的程度。

确定受风光集群影响较大的关键变量集包括：

（1）受风光集群功率影响最灵敏的母线电压。

（2）受风光集群功率影响最灵敏的支路功率。

2.2.4.2　计及风光集群波动特性的基于电压稳定性评估的系统关键变量集确定方法

1. 基于灵敏度的母线电压选取

对于含风光电源的电力系统，通常根据风光电源类型及控制方式的不同对并网点进行不同的处理。一般将采用恒功率因数控制方式的风光电源并网点处理为 PQ 节点，只有具有足够无功补偿能力的风光电源，并采用恒电压控制方式时，其并网点才处理为 PV 节点。设研究系统是一个 n 节点系统，有 $m-1$ 个 PQ 节点、$n-m$ 个 PV 节点，功率方程线性化后表示为

$$\begin{bmatrix} \Delta \boldsymbol{P} \\ \Delta \boldsymbol{Q} \end{bmatrix} = \begin{bmatrix} \dfrac{\partial \boldsymbol{P}}{\partial \boldsymbol{\theta}} & \dfrac{\partial \boldsymbol{P}}{\partial \boldsymbol{U}} \\ \dfrac{\partial \boldsymbol{Q}}{\partial \boldsymbol{\theta}} & \dfrac{\partial \boldsymbol{Q}}{\partial \boldsymbol{U}} \end{bmatrix} \begin{bmatrix} \Delta \boldsymbol{\theta} \\ \Delta \boldsymbol{U} \end{bmatrix} = \begin{bmatrix} \boldsymbol{J}_{\text{P}\theta} & \boldsymbol{J}_{\text{PV}} \\ \boldsymbol{J}_{\text{Q}\theta} & \boldsymbol{J}_{\text{QV}} \end{bmatrix} \begin{bmatrix} \Delta \boldsymbol{\theta} \\ \Delta \boldsymbol{U} \end{bmatrix} \tag{2-44}$$

式中　$\Delta \boldsymbol{P}$——节点注入有功功率的微增列向量；

$\Delta \boldsymbol{Q}$——节点注入无功功率的微增列向量；

$\Delta \boldsymbol{\theta}$——节点电压相角变化列向量；

$\Delta \boldsymbol{U}$——节点电压幅值变化列向量；

$\begin{bmatrix} \boldsymbol{J}_{\text{P}\theta} & \boldsymbol{J}_{\text{PV}} \\ \boldsymbol{J}_{\text{Q}\theta} & \boldsymbol{J}_{\text{QV}} \end{bmatrix}$——极坐标下的潮流雅可比矩阵。

通常认为，电压与无功功率是强耦合关系，而与有功功率是弱耦合关系，则

$$\Delta \boldsymbol{U} = (\boldsymbol{J}_{\text{QV}} - \boldsymbol{J}_{\text{Q}\theta} \boldsymbol{J}_{\text{P}\theta}^{-1} \boldsymbol{J}_{\text{PV}})^{-1} \Delta \boldsymbol{Q} \tag{2-45}$$

令 $S = (J_{QV} - J_{Q\theta} J_{P\theta}^{-1} J_{PV})^{-1}$ 为系统的电压无功灵敏度矩阵，其中的任意元素 S_{ij} 为系统母线 i 电压对第 j 个 PQ 节点无功功率变化的灵敏度。

假设所研究系统包含 W 个风光电源，风光电源并网点母线构成集合 A_1，系统所有母线构成集合 A_2，则 $A_1 \subseteq A_2$。任意母线 i 电压大小对风光电源 j 无功功率变化量的灵敏度为

$$\Delta U_{ij} = S_{ij} \Delta Q_j, (i \in A_2, j \in A_1) \tag{2-46}$$

为考虑集群风光整体功率波动对母线电压大小的影响，定义

$$H_i = \left| \sum_{j=1}^{W} \Delta U_{ij} \right|, (i \in A_2, j \in A_1) \tag{2-47}$$

H_i 为风光集群无功功率波动下母线 i 电压微增量，$\{H_i\}$ 最大值记为 H_{max}，当 $\dfrac{H_i}{H_{max}} > k_1$ 时，母线 i 确定为电压受该风光集群无功功率变化影响较大的母线，这些母线电压构成集合 C_1。其中，k_1 为正实数，取值与具体电网和分析精度有关。k_1 取值大，则选取的受风光集群无功功率波动影响的母线电压越少。

2. 基于 PV 分析法的母线电压和支路功率选取

设风光集群功率从初始运行状态变化到临界极限运行状态，母线 i 电压变化率为

$$K_i = \frac{U_{ic} - U_{i0}}{P_c - P_0} \tag{2-48}$$

支路 l 有功功率变化率为

$$R_l = \frac{P_{lc} - P_{l0}}{P_c - P_0} \tag{2-49}$$

式中　　U_{i0}——初始运行状态下母线 i 的电压；

　　　　P_{l0}——初始运行状态下支路 l 的有功功率；

　　　　P_0——初始运行状态下风光集群功率；

　　　　U_{ic}——系统临界极限运行状态下母线 i 的电压；

　　　　P_{lc}——系统临界极限运行状态下支路 l 的有功功率；

　　　　P_c——系统临界极限运行状态下风光集群功率。

则 $|K_i|$ 可以近似反映风光集群功率变化时节点 i 电压的变化程度，即 $|K_i|$ 越大，该母线电压受风光集群功率变化影响越大。$\{|K_i|\}$ 的最大值记为 $|K|_{max}$，对于母线 i，当 $\dfrac{|K_i|}{|K|_{max}} > k_2$ 时，则母线电压 U_i 为受该风光集群有功率变化影响较大的变量，这些母线电压构成集合 C_2。其中 k_2 是可设定的正实数，其取值与所研究的系统有关。k_2 值越大，则选取的母线电压越少。

综上所述，由集合 $C_1 \cup C_2$ 得到受风光集群功率变化影响较大的系统关键母线电

压集合 D。

同时，由支路有功功率变化率与最大支路有功功率变化率之比大于 k_3 的支路功率构成系统关键支路功率集合，记作集合 E。

以上 k_1、k_2、k_3 的取值是由实际系统的计算结果决定的。对各变量归一化结果进行降序排列，将相邻值相差最大的三个值取为临界值，由此得到 k_1、k_2、k_3，进而确定相应的关键母线电压等变量。

图 2-20 给出了基于风电集群功率波动的系统关键变量集获取示意图。

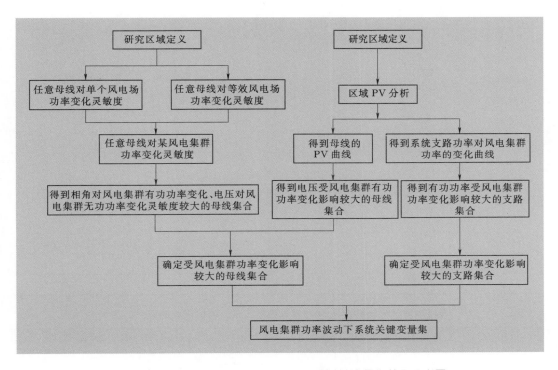

图 2-20 基于风电集群功率波动的系统关键变量集获取示意图

2.2.5 工程案例

2.2.5.1 青海电网电压薄弱点分布

西北地区电网中存在大量风光集群，大规模风电集群主要位于宁夏地区，而光伏集群主要分布在青海海西地区。掌握风光集群功率变化对送端电网电压的影响是进行电网静态安全稳定分析的首要步骤。本节通过改变宁夏风电、青海光伏及宁夏光伏的有功功率，得到了青海电网各母线电压分布，从而确定出系统的相对薄弱环节和薄弱区域，便于有针对性地采取控制和加强措施。表 2-7～表 2-9 分别是青海电网风光集群功率 10％、50％、80％情况下母线电压越限幅值最大的母线汇总表。

表 2-7 　　　青海电网风光集群功率 10％时母线电压越限幅值最大的母线汇总

电压＜0.95p.u. 的部分母线列表（由小到大）		电压＞1.05p.u. 的部分母线列表（由大到小）	
母线名	母线电压/p.u.	母线名	母线电压/p.u.
青彩隆 Y1［10.5］	0.782	青赛河 Y1［10.5］	1.118
青察尔汗 S2［37.0］	0.812	青诺木洪 S1［37.0］	1.110
青察尔汗 S1［37.0］	0.813	青龙羊 S1［37.0］	1.109
青凯美克 G2［10.5］	0.825	青龙羊 S2［37.0］	1.109
青凯美克 G1［10.5］	0.825	青龙羊 L1［6.3］	1.108
青盐湖 S1［37.0］	0.845	青龙羊 L2［6.3］	1.108
青盐湖 S2［37.0］	0.845	青班庆 Y1［10.5］	1.102
青互助 Y1［10.5］	0.848	青代青 Y1［10.5］	1.102
青桃园 S2［37.0］	0.850	青结古 Y1［10.5］	1.102
青浩门 Y1［10.5］	0.851	青结古 Y2［10.5］	1.102
青桥北 Y1［10.5］	0.853	青结古 Y3［10.5］	1.102
青巴音 S2［37.0］	0.856	青相古 Y1［10.5］	1.102
青巴音 S1［37.0］	0.856	青江壤 G0［6.3］	1.100
青互助 S1［37.0］	0.857	青江壤 G1［6.3］	1.100
青宜碱 Y1［10.5］	0.858	青丹霞 S1［37.0］	1.090
青互助 Y2［10.5］	0.858	青丹霞 Y1［10.5］	1.089
青桥北 S1［37.0］	0.861	青囊谦 S1［37.0］	1.074
青浩门 S1［37.0］	0.862	青诺木洪 Y1［10.5］	1.073
青互助 S2［37.0］	0.863	青称科 T［37.0］	1.065

表 2-8 　　　青海电网风光集群功率 50％时母线电压越限幅值最大的母线汇总

电压＜0.95p.u. 的部分母线列表（由小到大）		电压＞1.05p.u. 的部分母线列表（由大到小）	
母线名	母线电压/p.u.	母线名	母线电压/p.u.
青彩隆 Y1［10.5］	0.781	青赛河 Y1［10.5］	1.118
青察尔汗 S2［37.0］	0.811	青诺木洪 S1［37.0］	1.109
青察尔汗 S1［37.0］	0.812	青龙羊 S1［37.0］	1.109
青凯美克 G2［10.5］	0.824	青龙羊 S2［37.0］	1.109
青凯美克 G1［10.5］	0.843	青龙羊 L1［6.3］	1.107
青盐湖 S1［37.0］	0.844	青龙羊 L2［6.3］	1.107
青盐湖 S2［37.0］	0.844	青班庆 Y1［10.5］	1.102
青互助 Y1［10.5］	0.847	青代青 Y1［10.5］	1.102
青桃园 S2［37.0］	0.849	青结古 Y1［10.5］	1.102
青浩门 Y1［10.5］	0.850	青结古 Y2［10.5］	1.102
青桥北 Y1［10.5］	0.852	青结古 Y3［10.5］	1.102

续表

电压<0.95p.u. 的部分母线列表（由小到大）		电压>1.05p.u. 的部分母线列表（由大到小）	
母线名	母线电压/p.u.	母线名	母线电压/p.u.
青巴音 S2 [37.0]	0.855	青相古 Y1 [10.5]	1.102
青巴音 S1 [37.0]	0.855	青江壤 G0 [6.3]	1.100
青互助 S1 [37.0]	0.856	青江壤 G1 [6.3]	1.100
青宜碱 Y1 [10.5]	0.857	青丹霞 S1 [37.0]	1.089
青互助 Y2 [10.5]	0.857	青丹霞 Y1 [10.5]	1.088
青桥北 S1 [37.0]	0.860	青襄谦 S1 [37.0]	1.074
青浩门 S1 [37.0]	0.861	青诺木洪 Y1 [10.5]	1.072
青湟源 S2 [37.0]	0.862	青称科 T [37.0]	1.065
青湟源 S1 [37.0]	0.863	青称多 S1 [37.0]	1.065

表 2-9   青海电网风光集群功率 80% 时母线电压越限幅值最大的母线汇总

电压<0.95p.u. 的部分母线列表（由小到大）		电压>1.05p.u. 的部分母线列表（由大到小）	
母线名	母线电压/p.u.	母线名	母线电压/p.u.
青彩隆 Y1 [10.5]	0.780	青赛河 Y1 [10.5]	1.117
青察尔汗 S2 [37.0]	0.808	青龙羊 S1 [37.0]	1.107
青察尔汗 S1 [37.0]	0.809	青龙羊 S2 [37.0]	1.107
青凯美克 G2 [10.5]	0.821	青龙羊 L1 [6.3]	1.105
青凯美克 G1 [10.5]	0.840	青龙羊 L2 [6.3]	1.105
青盐湖 S1 [37.0]	0.841	青诺木洪 S1 [37.0]	1.105
青盐湖 S2 [37.0]	0.841	青班庆 Y1 [10.5]	1.101
青互助 Y1 [10.5]	0.844	青代青 Y1 [10.5]	1.101
青桃园 S2 [37.0]	0.846	青结古 Y1 [10.5]	1.101
青浩门 Y1 [10.5]	0.848	青结古 Y2 [10.5]	1.101
青桥北 Y1 [10.5]	0.849	青结古 Y3 [10.5]	1.101
青巴音 S2 [37.0]	0.853	青相古 Y1 [10.5]	1.101
青巴音 S1 [37.0]	0.853	青江壤 G0 [6.3]	1.100
青互助 S1 [37.0]	0.854	青江壤 G1 [6.3]	1.100
青宜碱 Y1 [10.5]	0.854	青丹霞 S1 [37.0]	1.086
青互助 Y2 [10.5]	0.855	青丹霞 Y1 [10.5]	1.085
青桥北 S1 [37.0]	0.857	青襄谦 S1 [37.0]	1.073
青浩门 S1 [37.0]	0.859	青诺木洪 Y1 [37.0]	1.068
青互助 S2 [37.0]	0.859	青称多 S1 [37.0]	1.064
青湟源 S2 [37.0]	0.860	青赛河 S1 [37.0]	1.064

通过仿真结果进行横向比较可得，在风光集群功率为 50% 时，由于可补偿当地负荷需求，优化系统潮流分布，此时系统电压水平最优。通过纵向比较，部分地区电压偏高，部分地区电压偏低，电压分布地域性特征明显。

2.2.5.2　基于青乌兰光伏集群功率波动的系统关键变量集

1. 仿真基础数据

以青海电网为实例系统，使用 PSASP 软件完成系统仿真，具体的仿真系统基础数据如下：

（1）青乌兰光伏集群总装机容量为 500MW，青乌兰光伏集群通过青乌兰 330kV 变电站接入青海电网主网架。

（2）青龙厂电厂并网 2 台 320MW 同步机组。

2. 关键变量选取

根据青海电网的实际情况进行系统关键电压变量和关键支路功率变量的选取。

（1）计算光伏集群有功功率波动下系统各母线电压的变化量 H_i（最大值记作 H_{max}），计算 $\dfrac{H_i}{H_{max}}$ 并按降序排列，将与相邻值差值最大的 $\dfrac{H_i}{H_{max}}$ 确定为临界值 k_1，此处求得 $k_1 = 0.6$。

（2）计算光伏集群有功功率波动下系统各支路传输功率的变化率 $|K_i|$（最大值记作 $|K|_{max}$），计算 $\dfrac{|K_i|}{|K|_{max}}$ 并降序排列，将与相邻值差值最大的 $\dfrac{|K_i|}{|K|_{max}}$ 确定为临界值 k_2，此处求得 $k_2 = 0.6$。

确定青乌兰地区光伏集群功率波动下系统的关键母线和关键支路，见表 2-10 和表 2-11。

表 2-10　　　　青乌兰地区光伏集群功率波动下的系统关键母线

母线名称	基准电压/kV	母线名称	基准电压/kV
青乌兰 31	330	青巴圣 K1	330
青乌巴 K1	330	青巴盐 K1	330
青兰柴 k1	330	青巴音 31	330

表 2-11　　　　青乌兰地区光伏集群功率波动下的系统关键支路

编号	支路起点	支路终点
731143	青龙厂 31（330kV）	青龙乌 K1（330kV）
731146	青龙乌 K1（330kV）	青乌兰 31（330kV）
731155	青乌巴 K1（330kV）	青巴音 31（330kV）
731158	青乌兰 31（330kV）	青乌巴 K1（330kV）

编号	支路起点	支路终点
731217	青柴达木 31（330kV）	青柴兰 k1（330kV）
731219	青柴兰 k1（330kV）	青兰柴 k1（330kV）
731220	青乌兰 31（330kV）	青兰柴 k1（330kV）
701304	青西宁 71（750kV）	青日月山 71（750kV）
701305	青西宁 71（750kV）	青日月山 71（750kV）

2.2.5.3 关键变量集波动特性

图 2-21 是给定的光伏集群典型日功率波动曲线（采样周期为 30min）。0～8h 及 18～24h 没有阳光，光伏集群功率为 0，13h 光伏集群最大功率约为总装机容量的 60%。在如此大的功率波动下，系统关键变量的漂移特性是维持系统安全稳定运行的关键因素。

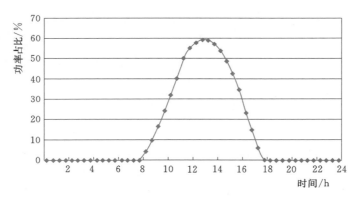

图 2-21　光伏集群典型日功率波动曲线

选取图 2-21 中能够表征光伏集群功率波动趋势的关键采样点，见表 2-12。

表 2-12　　　　　　　　　关键采样点及对应的光伏集群有功功率

关键采样点/h	光伏集群有功功率/MW	关键采样点/h	光伏集群有功功率/MW
9	50	16	175
11	200	17	75
13	300		

进而得到在青乌兰光伏集群功率波动情况下系统部分关键母线电压变量的漂移轨迹，如图 2-22 所示。

由图 2-22 可以看出，在青乌兰光伏集群功率波动情况下，系统关键母线电压变量漂移轨迹较为一致：光伏集群功率增加，母线电压降低；光伏集群功率减小，母线电压升高。其中最大电压波动量约为 0.05p.u.，而非关键母线电压变量（青玉树 31 母线电压）

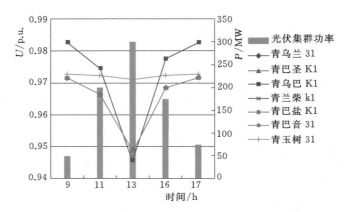

图 2-22　青乌兰光伏集群功率波动情况下系统部分关键母线电压变量的漂移轨迹

变化量不超过 0.002p.u.。对于光伏最大功率 300MW 时部分母线越限的情况，可通过安装无功补偿装置或提高附近火电机组无功输出的方式改善相应母线的静态电压稳定裕度。

由图 2-23 可以看出，随着青乌兰光伏集群功率波动，非关键支路功率（如图 2-23 所示青吉祥 31—青阿兰 31）几乎保持不变，而关键支路功率呈现以下变化趋势：支路功率变化和光伏集群功率变化趋势一致，即随光伏集群功率增减而增减，如青龙厂 31—青龙乌 K1、青乌巴 K1—青巴音 31；支路功率变化和光伏集群功率变化趋势相反，如青柴达木 31—青柴兰 k1、青西宁 71—青日月山 71。

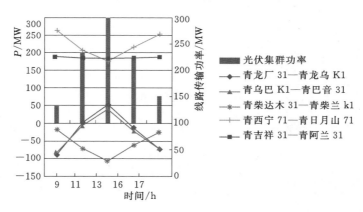

图 2-23　青乌兰光伏集群功率波动情况下系统部分关键支路功率变量的漂移轨迹

由上述分析可见：

（1）光伏集群功率波动会引起系统中某些关键母线电压和关键支路功率的明显变化，通过监视这些关键变量的漂移，可以反映光伏集群功率波动对系统的影响程度。

（2）受光伏集群功率波动影响较大的系统关键母线电压多集中在该光伏集群附近区域，且变化趋势较为一致。

（3）部分母线在光伏功率较大的情况下电压轻微越限，需要附近地区火电机组配合调节无功功率输出或者安装无功补偿装置。

（4）光伏集群功率大幅波动会对系统潮流分布造成较大影响，甚至可能引起关键支路潮流反转。因此，需要对光伏集群功率大幅波动场景下的调度计划进行合理制定并对系统暂态稳定性进行进一步研究。

2.2.5.4　小结

（1）面向大系统仿真，考虑风光电源的功率特性和控制能力给出了风光电源的稳态模型选取原则，从电源装机容量、电源的并网点位置、电源的混杂度、场内发电单元的排列方式 4 个方面讨论了面向大系统仿真的风光电源的暂态模型选取问题，进而面向大系统仿真给出了风光电源暂态模型选取方法，最后以实际地区电网验证了所提方法的有效性，并得到如下结论：

1）在大系统仿真中，风光电源的装机容量是其暂态模型选取最重要的影响因素。当风光电源装机容量占地区负荷比例超过某一值时，还需要考虑风光电源的多机等值问题。

2）在给定的算例系统中，由于风光电源的容量都比较小，采用单机模型可以满足大系统仿真的需要。

（2）计及风光集群功率波动特性，提出了基于电压稳定性评估的系统关键变量集的提取方法。并得到如下结论：

1）风光集群功率波动会引起系统中某些关键母线电压和关键支路功率的明显变化；风光集群功率大幅波动会对系统潮流分布造成较大影响，甚至可能引起关键支路潮流反转。

2）受风光集群功率波动影响较大的系统关键母线电压多集中在该集群附近区域，且变化趋势较为一致。

3）通过监视系统关键变量的漂移，可以评估风光集群功率波动对系统电压稳定的影响程度。

4）风光集群功率波动会影响同步发电机的运行状态，但对发电机功角特性影响不大。集群内部故障会对附近的同步发电机功角特性产生明显的影响，但是对距离较远的同步发电机功角特性影响不大。相比电压稳定，风光集群对系统的功角稳定影响不大。

（3）以包含风、光、水、气发电系统的青海电网为例，采用基于电压稳定性评估的系统关键变量集的提取方法研究了系统的电压稳定性，验证了所提方法的有效性。

2.3　清洁能源多级电压协调控制策略

2.3.1　分布式敏捷协调控制模式

我国清洁能源发电主要采用大规模集中接入的并网方式，随着清洁能源发电规模的增大，清洁能源电站汇集区域电压问题日益显著，成为制约清洁能源电站可靠消纳的重大瓶颈之一。以支撑大规模清洁能源电站集中接入为目标的清洁能源发电 AVC 技术是当前研究热点，并取得一系列研究和应用成果。

在我国正在建设的千万千瓦级清洁能源发电基地中，海南电网在清洁能源电站汇集区域电压安全问题突出，主要技术挑战如下：

（1）目前清洁能源电站电压合格率较低，大部分清洁能源电站未参加全网调压，清洁能源电站接入点及就近电网的电压波动也比较剧烈，单纯依靠常规无功调节手段和传统 AVC 技术难以满足电压考核要求。

（2）海南清洁能源电站汇集区域内有具备 AVC 功能的常规发电厂和变电站，如何协调常规发电机、风电机组、光伏单元、电容电抗器、SVC、SVG 等时间常数各异、空间广泛分布的多种无功调节设备是重大挑战。

（3）清洁能源电站汇集区域调度关系复杂，接入 220kV 电网的发电厂和清洁能源电站归省调直控，而 220kV 变电站低压侧电容电抗器由地调调控，同时有部分清洁能源电站接入 110kV 并由地调调控，需要研究分布于各电压等级的无功控制设备的相互配合问题，抑制各级清洁能源发电波动对电网电压的影响。

要设计大规模清洁能源电站接入后的调度控制系统，首先需要对引入清洁能源发电后的电力系统运行特点进行分析，并针对运行特点设计相应的控制结构框架，进一步针对控制过程的需求设计相应的决策机制。

基于此，本节首先对清洁能源电站接入后的电力系统的具体特点进行了分析，针对控制过程强不确定性的特点提出采用模型预测控制方法应对；针对模型预测控制方法在处理大规模复杂性在线控制问题时存在的控制过程的全局最优性与实时抗干扰性的矛盾，将分解-协调控制方法融入到模型预测控制结构中，形成了适用于大规模清洁能源发电控制过程的分层模型预测控制方法，解释了多级协调有功调度模式的控制机理及分级原则等问题。

考虑大规模清洁能源发电集中接入的 AVC 技术希望实现如下目标：①为满足接入要求，清洁能源电站电压和功率因数应满足电网侧考核指标，接入点电压波动尽可能小；②在清洁能源电站无功功率充裕的情况下，应类似于其他常规电厂，参与本区域无功电压调节，通过场内无功功率资源的协调，追踪电网控制中心下发的电压控制曲线；③在清洁能源电站无功功率能力不足的情况下，电网控制中心应利用本区域无功调节手段，保证清洁能源电站接入点高压侧母线（PCC 点）和清洁能源发电送出通道的电压水平。

为实现上述目标，应主要解决两个难点问题：①如何应对由于清洁能源发电自身的随机性造成的电压快速波动问题；②如何解决清洁能源电站接入后与电网其他部分的协调电压控制问题。其中，电压快速波动问题主要通过综合协调清洁能源电站内部的各种控制设备，尤其是快速、连续调节设备实现，属于场内控制问题；协调电压控制问题则需要从电网角度出发，在多个清洁能源电站和其他常规电厂、变电站之间实现协调控制，属于全局控制问题。

本节采用基于双向互动的"多级控制中心-新能源电站"递阶分布式敏捷协调控制模式，其多级控制架构如图 2-24 所示。

此控制模式有三个关键要点：

（1）在清洁能源电站内，充分挖掘清洁能源电站内风电机组、光伏单元的无功调节能力，使得清洁能源电站发挥出类似于传统水电、火电厂的无功调节和电压支撑外特性，抑制清洁能源发电波动对电网电压的影响，同时兼顾清洁能源电站内电容电抗器、风电机组、光伏单元、SVC、SVG 等特性各异无功电源的协同，实现清洁能源电站对电网的友好接入。

（2）在控制中心内，通过 AVC 主站和清洁能源电站 AVC 子站之间的双向互动，实现清洁能源电站与电网其他常规厂站的协调电压控制，协调控制的周期自适应切换，满足敏捷性要求，抑制清洁能源发电的快速波动。

（3）在控制中心间，针对清洁能源电站分别接入省调直控 220kV 电网及地调直控 110kV 电网的运行特点，通过省地双向互动，一方面发挥地调的风电机组、光伏单元无功调节能力，实现地区电网电压自律控制，支撑末端电网电压；另一方面发挥省调发电机的调节能力，抵御清洁能源电站波动对地区电网电压的影响，减少地区电网电容电抗器的投切次数。

2.3.2 无功功率-电压超前敏捷控制

由于清洁能源电站位于电网末端，清洁能源发电功率波动对电网的电压波动影响明显，另外在清洁能源电站汇集区域，电压问题比较敏感，如果故障发生后不能快速有效地支撑电网电压，有可能会影响全网的电压稳定。为此，从计及清洁能源发电功率波动的敏捷电压控制和故障后电压快速校正控制两个问题出发，研究清洁能源电站汇集区域敏捷电压控制。

计及清洁能源发电功率波动的敏捷电压控制流程如图 2-25 所示。

敏捷电压控制流程主要包括：

（1）给定清洁能源发电功率波动判定门槛。

（2）当清洁能源发电功率波动量超过给定门槛时，启动一次敏捷电压控制。

（3）当清洁能源发电功率波动较小时，基于正常的控制周期进行控制。

敏捷电压控制模型为

$$\min_{\Delta \mathbf{Q}_{\mathrm{g}}} \{ \mathbf{W}_{\mathrm{q}} \parallel \Theta_{\mathrm{g}} \parallel^2 \}$$

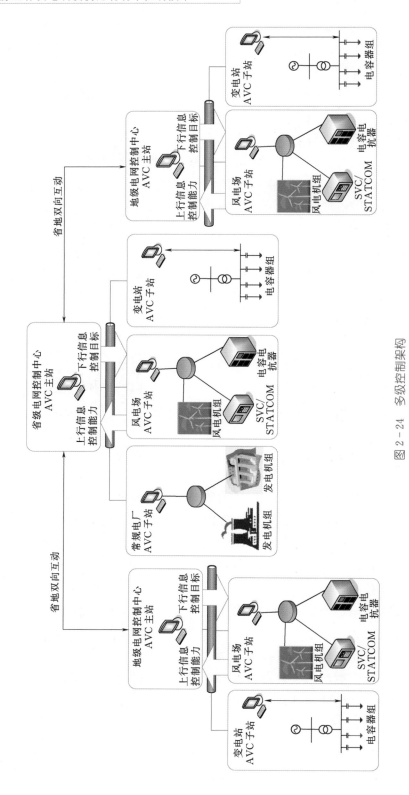

图 2 - 24　多级控制架构

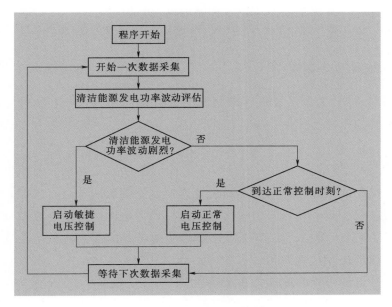

图 2-25　敏捷电压控制流程

$$\text{s. t.}\ U_{\text{g,min}} \leqslant U_{\text{g}} + C_{\text{gg}}\Delta Q_{\text{g}} \leqslant U_{\text{g,max}}$$

$$U_{\text{p,ref}} - \varepsilon_{\text{p}}^{\text{U}} \leqslant U_{\text{p}} + C_{\text{pg}}\Delta Q_{\text{g}} \leqslant U_{\text{g,ref}} + \varepsilon_{\text{p}}^{\text{U}}$$

$$Q_{\text{g,min}} \leqslant Q_{\text{g}} + \Delta Q_{\text{g}} \leqslant Q_{\text{g,max}}$$

$$|C_{\text{gg}}\Delta Q_{\text{g}}| \leqslant \Delta U_{\text{g,max}} \qquad\qquad (2-50)$$

式中　U_{g}、$U_{\text{g,min}}$、$U_{\text{g,max}}$、$\Delta U_{\text{g,max}}$——发电机高压侧母线的当前电压、电压下限、电压上限和允许的单步最大调整量；

U_{p}、$U_{\text{p,ref}}$、$\varepsilon_{\text{p}}^{\text{U}}$——中枢母线当前电压、中枢母线电压设定值和控制死区；

Q_{g}、$Q_{\text{g,min}}$、$Q_{\text{g,max}}$——控制发电机当前无功功率、无功功率下限和无功功率上限；

Θ_{g}——发电机无功功率均衡指标；

C_{gg}、C_{pg}——发电机无功功率对母线电压灵敏度矩阵。

模型各部分的物理含义包括：

（1）目标函数：敏捷电压控制启动周期较短，因此需要以最快的控制速度、最小的动作量来进行控制，因此其目标函数为控制量最小。

（2）约束条件：设置中枢母线动作死区参数，只有当中枢母线电压超出控制死区，才会产生需要动作的敏捷电压控制策略，减少机组的动作次数。

（3）控制策略：从控制结果来看，优先采用清洁能源电站的无功功率能力来抑制清洁能源发电功率波动对电网的影响；当清洁能源电站来不及响应或者没有调节能力时，就需要附近电厂发挥其控制作用，抑制电网电压波动。

（4）无功功率均衡：5min 启动的二级电压控制实现电厂间无功功率均衡。

2.3.3　多厂站间的协调控制

全局协调的 AVC 系统已经逐步取代原有的分散控制方式，在电网电压调节方面发挥越来越重要的作用。无论在国外还是国内，该领域的理论研究和工程实践都取得了一定成果。

对于 AVC 系统来说，其控制手段包括了连续变量（发电机、调相机）与离散变量（电容、电抗、OLTCs），AVC 本质上就是对这些控制变量进行协调，从而满足合理电压分布的过程。前人针对无功优化中如何综合考虑连续变量与离散变量进行了相关的研究，但 AVC 不等同于在线计算的无功优化或者最优潮流，从控制的可靠性和实用性出发，涉及很多具体问题。目前国内外 AVC 相关文献中，尚未对如何实现离散变量与连续变量的协调问题进行系统阐述。

随着 AVC 系统在网调电网层面的建设逐步展开，离散变量与连续变量的协调问题日益重要，具体可以体现在两个层面：

（1）厂站协调，同一控制分区内无功控制设备包含了连续设备（电厂发电机）与离散设备（变电站的无功补偿装置）。

（2）厂厂协调，同一控制分区内相邻电厂之间发电机设备的无功协调。

从分级电压控制的概念出发，厂站、厂厂、站站内部的协调属于一级电压控制（本地控制）的范畴，而厂站、厂厂、站站协调则属于二级电压控制（区域控制）和三级电压控制（全局控制）的范畴。这两类问题有相通之处，但从实现方法上有显著区别。

2.3.3.1　厂站协调

1. 协调原则

电压控制的目的就是通过协调电网内各类无功资源来响应网络和负荷的变化，最终达到满足安全经济运行要求的电压分布。一方面，变电站侧的电容电抗器等无功资源更加接近负荷端，对整个电网起到基础性的无功功率支撑作用，从而将调相机、发电机等连续设备的无功功率保持在上调、下调均有较大裕度的中间位置，使之保持足够的可调无功功率储备，以应对电网事故等紧急情况，提高大电网运行的安全性；另一方面，离散控制设备只能实现阶跃的、分段的控制，而且其投切容量一般来说是一个相对较大的数值，难以实现精确的调节，而连续设备则可以实现对前者控制的必要补充。

因此，在离散变量与连续变量的协调控制上，应遵循"离散设备优先动作，连续设备精细调节"的原则，包括：

（1）电容电抗器作为基础的无功补偿器件，对容量较大的负荷无功功率需求优先进行投切。

（2）发电机和调相机等产生的无功功率作为电压支撑和连续调节变量，主要在以下离散设备无法动作的情况下进行控制，包括：

1）所有离散设备都已经完成动作，比如所有电容都已经投入，但仍需要额外的无功功率支撑。

2）受到动作次数或者时间间隔限制，离散设备无法频繁动作。

3）离散控制手段仍然具备，但是在当前状态下不具备动作条件。这主要由电容电抗器的离散性质决定，其容量相对较大，一旦投切对电网无功功率的影响是一个阶跃量，可能导致母线电压或者功率因数越限，因此无法动作。此时由连续设备完成精细化调节。

2. 变电站内控制模式

对于 AVC 系统来说，将变电站纳入远方控制有集中控制模式和分散控制模式两种。

在集中控制模式下，变电站侧不建设专门的子站系统，直接接受主站侧给出的控制指令，包括对电容电抗器的投退命令（遥控）或者对分接头挡位的调节命令（遥调或遥控），该命令通过现有的 SCADA 下行通道，最终通过变电站监控系统（或 RTU）闭环执行。

在分散控制模式下，主站侧不给出电容电抗器和分接头的具体调节指令，而是实时给出变电站侧母线电压和主变无功功率（功率因数）的期望设定值，并下发给变电站；变电站侧将 VQC 系统升级为电压控制子站系统，在满足本地安全运行约束和控制设备动作要求的前提下，追随主站下发的设定值。

从对比来看，在数据采集和通信通道正常的情况下，集中控制模式可以达到更好的控制效果并节省投资。为了弥补集中控制模式对基础自动化可靠性的高要求，增加站端 VQC 作为备用手段，确保控制的高可用性。在通道正常的情况下，采用集中控制模式，此时站端 VQC 系统退出；如果通道中断，则退化到本地控制模式，由站端 VQC 系统进行控制。为实现这种混合模式，需做如下改进：

（1）增加变电站 VQC 投运、退出信号，并上传到主站侧。若该信号为投运，则 VQC 控制起作用，此时主站端不对该变电站下发控制策略；反之表示 VQC 系统退出，由主站端直接下发遥控遥调指令。如果某变电站量测采集出现问题，可由站端值班人员将该信号置位，此时变远方控制为本地控制。

（2）对每个变电站增加一个虚拟遥调点，作为主站与变电站通信正常的标志位。在正常运行情况下，主站侧每 5min 刷新一次该遥调点值，如果变电站侧 VQC 系统发现该遥调值在一定时间内未刷新，则认为主站退出或者通信中断，此时自动切换到本地控制模式，由本站 VQC 系统接管无功设备的控制。

现场应用表明，基于专家规则实现变电站电压控制是一种可行的实用方案，相应的有九区图、十七区图等多种专家策略，其基本思路是根据主变无功功率（功率因数）和母线电压的相对大小在二维坐标系上划分出不同的控制区域，并针对每个控制区域设置相应的设备动作策略。但这种方案无法适用于变电站内部有连续控制设备的情况，也无法实现离散变量与连续变量的协调控制。

本节根据电气连接关系在变电站内部形成控制单元，一个控制单元内部的控制设备包括了并列运行的主变分接头以及挂接在主变低压侧母线上的调相机、电容电抗器等并联无功补偿设备，为便于阐述，给出了变电站控制单元简化模型，如图 2-26 所示，其中可将电抗作为负电容处理。

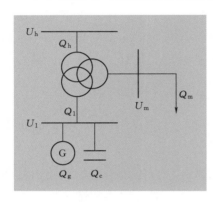

图 2-26　控制单元简化模型

设调相机当前无功功率为 Q_g，电容器无功功率记为 Q_c，二者在控制作用上是等价的。输入量为高、中、低三侧电压矢量 $U=[U_h,\ U_m,\ U_l]^T$、无功功率矢量 $Q=[Q_h,\ Q_m,\ Q_l]^T$、功率因数矢量 $F=[F_h,\ F_m,\ F_l]^T$ 和变压器分接头挡位矢量 $T=[T_h,\ T_m,\ T_l]^T$。通过灵敏度计算环节可得到 $Q_g(Q_c)$ 对 U 和 Q 的灵敏度。

本节在传统方法基础上，设计并实现了两阶段的控制策略，控制过程如图 2-27 所示。

图 2-27 中的决策环节是整个控制的核心，由两步组成。

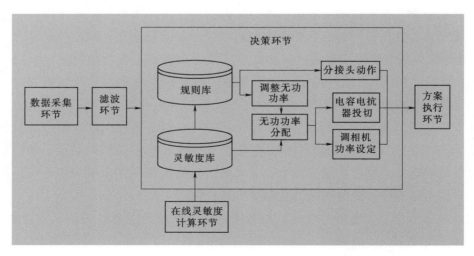

图 2-27　变电站电压控制过程

　　决策环节的第一步是利用规则库初步确定控制手段。由于各地不同的运行习惯和负荷特点，在进行电压控制时可以有不同的规则，某典型控制规则库如图 2-28 所示，其与九区图相比有以下区别：

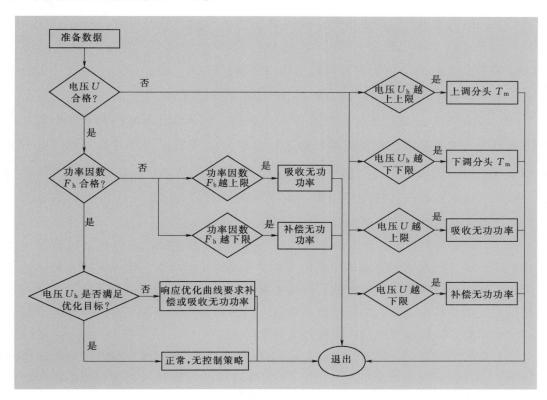

图 2-28　变电站电压控制中采用的典型规则库

　　（1）将传统九区图中投退电容电抗器的具体策略转换为无功功率的增减方向，而与之对应的具体控制策略将通过第二步的无功功率分配环节来实现，从而实现离散变量与连续变量的协调。

　　（2）在保证电压和功率因数合格的前提下，尽可能追随由 AVC 主站三级电压控制所设定的优化电压。

　　图 2-28 中上上限和下下限为 500kV 变电站主变分接头挡位的动作条件，事实上为一系列条件的合集。不同区域甚至不同的变电站的上上限和下下限的定义都可能不同，用户可以在规则库中指定。以一种典型的下下限为例，要求此时已经投入必要的电容，主变功率因数满足一定要求，但 500kV 电压仍然低于某一数值。

　　决策环节的第二步则在灵敏度计算的基础上，基于协调原则，将所需要的无功功率增减在离散变量和连续变量之间进行分配。

　　在控制策略求解过程中，按照图 2-28 所给出的判断流程，如果出现电压越限或者与优化设定之间的偏差（对应 ΔU）或者功率因数越限（对应 ΔQ），利用灵敏度关系，可以得到对无功功率控制量的需求 ΔQ_g，并按照如下原则进行二者的协调：

（1）若 $\Delta Q_g > 0$，此时说明需要增加无功补偿。设当前可投入的容量最小的电容器（或可退出的容量最小的电抗器）的无功功率为 $\tilde{Q}_c$（若此时已经没有可以投入的电容器或者可退出的电抗器，则令 $\tilde{Q}_c = \infty$）。若 $Q_g + \Delta Q_g \geqslant k\tilde{Q}_c$，则投入该电容器（或退出该电抗器），同时将调相机无功功率调节到 $Q_g + \Delta Q_g - \tilde{Q}_c$；若 $Q_g + \Delta Q_g < k\tilde{Q}_c$，则将调相机无功功率调节到 $Q_g + \Delta Q_g$。

（2）若 $\Delta Q_g < 0$，此时说明需要减少无功补偿。设当前可退出的容量最小的电容器（或可投入的容量最小的电抗器）的无功功率为 $\tilde{Q}_c$（若此时已经没有可以退出的电容器或者可投入的电抗器，则令 $\tilde{Q}_c = \infty$）。若 $Q_g + \Delta Q_g \leqslant -k\tilde{Q}_c$，则退出该电容器（或投入该电抗器），同时将调相机无功功率调节到 $Q_g + \Delta Q_g + \tilde{Q}_c$；若 $Q_g + \Delta Q_g > -k\tilde{Q}_c$，则将调相机无功功率调节到 $Q_g + \Delta Q_g$。

其中，k 是可调参数，如果 k 小于 1.0，意味着此时更倾向于使用离散设备提供无功功率，反之则意味着更倾向于使用连续设备提供无功功率。默认情况下 $k=1.0$。

对于站内没有调相机的变电站，可略去第二阶段的无功功率分配环节，选择合适的离散设备动作即可。但如果要考虑与就近电厂的协调控制，需要在站内增加虚拟调相机，此时第二阶段的无功功率分配环节仍然必要。

在具体实施过程中，需考虑工程实际问题，包括：①规则库中设置了离散设备动作次数、动作时间间隔等约束（可定义），在决策环节保证其不被违背，根据负荷特性对设备动作分布预先进行评估，并通过循环投切保证各设备投切次数的均衡，防止单个设备频繁动作；②对于 500kV 变电站，尽可能慎重调整主变分接头挡位，在实施过程中，主变分接头挡位的动作策略需要经过调度人员人工确认才能执行。

3. 厂站协调控制问题

AVC 系统的主要目的是通过连续进行的实时闭环控制来协调电网内的无功功率资源，得到更加合理的电压分布。对于网省级大规模电网来说，主要的无功功率调节手段包括连续变量（电厂侧的发电机无功功率）和离散变量（变电站侧的电容电抗器、OLTC 等）。在无功优化的研究过程中，前人提出了一些综合考虑连续变量与离散变量的协调优化方法，主要分为解析类算法和进化类算法。全局优化算法对基础自动化要求很高，局部的通信中断和量测采集错误都可能影响实时状态估计的可靠性，从而导致在线全局优化的失败，难以保证在线可靠运行。因此在分级电压控制模式下，全局优化计算是三级电压控制层面的功能，其计算结果并不直接闭环执行，而是作为设定目标输入给二级电压控制环节，最终的闭环控制策略是由分区进行的二级电压控制给出的。

与三级电压控制相比，二级电压控制只采集本控制分区的关键节点信息，不依赖于状态估计，更强调利用相对简化的模型和算法计算控制策略，从而保证高可靠性。如何在二级电压控制中有效协调离散变量和连续变量非常重要。有学者提出法国 EDF 的 AVC 系统涵盖了对离散变量的控制，但是并未阐述如何与电厂进行协调，而是强调在法国更加倾向于使用发电机等连续控制手段；通过一套模糊专家规则库对电厂和变电站进行调节，并针对巴西电网进行了仿真研究，但是尚未在实际电网投入运行。此外，该方法依赖于规则的整定，对发展迅速的我国大规模电网而言，规则库的设计和维护是个难题。

无论是人工控制还是自动控制，如果不能充分考虑连续变量与离散变量的协调问题，都很容易导致不合理的电压分布。

本小节提出了 AVC 中离散变量与连续变量的协调原则，并在此基础上设计开发了考虑调相机控制作用的变电站电压控制模块。在此基础上，通过实时更新协调约束的方法，对厂站协调控制问题进行研究后，其成果已在我国多个网省级电网得到实际应用。

考虑一个由若干电厂与变电站组成的二级电压控制区域，设 U_p 和 Q_g 分别表示电厂高压侧母线电压矢量和发电机无功功率矢量，U_s 和 Q_c 分别表示变电站侧监控母线的电压矢量和可投切电容电抗器的无功功率矢量，基于灵敏度计算可以求得无功功率矢量与电压矢量之间的灵敏度关系，可用分块矩阵形式表达为

$$\begin{bmatrix} \Delta U_p \\ \Delta U_p \end{bmatrix} = \begin{bmatrix} C_{pg} & C_{pc} \\ C_{sg} & C_{sc} \end{bmatrix} \begin{bmatrix} \Delta Q_g \\ \Delta Q_c \end{bmatrix} \tag{2-51}$$

设 $U_{p,ref}$ 和 $U_{s,ref}$ 分别是三级电压控制计算给出的 U_p 和 U_s 的电压设定值矢量。若不考虑电容器投切，仅考虑电厂的控制作用，则可得出协调二级电压控制模型（Coordinated Secondary Voltage Control，CSVC）为

$$\min_{\Delta Q_g} \| (U_p - U_{p,ref}) + C_{pg} \Delta Q_g \|^2 + \| (U_s - U_{s,ref}) + C_{sg} \Delta Q_g \|^2$$
$$\text{s. t.} \ U_{-p} \leqslant U_p + C_{pg} \Delta Q_g \leqslant U_{p,max}$$
$$U_{-s} \leqslant U_s + C_{sg} \Delta Q_g \leqslant U_{s,max}$$
$$Q_{g,min} \leqslant Q_g + \Delta Q_g \leqslant Q_{g,max} \tag{2-52}$$

若增加变电站侧的电容电抗器控制，则可将变电站侧的无功功率控制量 Q_c 增广到协调二级电压控制模型中，即

$$\min_{\Delta Q_g, \Delta Q_c} \| (U_p - U_{p,ref}) + C_{pg} \Delta Q_g + C_{pc} \Delta Q_c \|^2 + \| (U_s - U_s^{ref}) + C_{sg} \Delta Q_g + C_{sc} \Delta Q_c \|^2$$
$$\text{s. t.} \ U_{-p} \leqslant U_p + C_{pg} \Delta Q_g + C_{pc} \Delta Q_c \leqslant U_{p,max}$$
$$U_{-s} \leqslant U_s + C_{sg} \Delta Q_g + C_{sc} \Delta Q_c \leqslant U_{s,max}$$
$$Q_{g,min} \leqslant Q_g + \Delta Q_g \leqslant Q_{g,max}$$
$$g_c(\Delta Q_c) \geqslant 0 \tag{2-53}$$

由式（2-53）可知，增加了电容电抗器等离散控制设备后，协调问题的求解难度加大，主要体现在：

（1）电容电抗器的投切是离散量，一旦引入，原有的二次规划问题就变成了混合整数规划问题，求解难度增大，计算可靠性变差。

（2）$g_c(\Delta Q_c) \geq 0$ 表示了变电站侧的一系列复杂的运行约束，包括：①高、中、低三侧母线电压合格；②主变高压侧功率因数合格；③满足设备动作次数要求；④满足投切时间间隔要求等。

可见，厂站协调控制采用数学方法直接求解的难度很大。应从该原问题出发，得到简便可行的厂站协调控制策略。

4. 厂站协调控制方法

（1）技术路线。按照如下解耦方式进行厂站之间的协调控制：

1）电厂与变电站之间以变电站侧母线电压 U_s 作为协调变量。

2）电容电抗器的最终投切策略由一级电压控制给出，体现离散设备优先原则。在正常情况下采用集中控制模式，可以理解为针对每个变电站的控制也通过"子站"实现，区别在于该"子站"实际上是由主站侧在控制中心通过软件实现。

3）变电站"子站"在进行一级电压控制决策的同时，根据当前自身的设备投切状态和预估的未来动作策略，实时更新协调变量 U_s 的可行范围 $[U'_{s,min}, U'_{s,max}]$，简称为协调约束。

4）二级电压控制的控制变量只包括发电机无功功率，在二级电压控制过程中认为电容电抗器的投切状态不会发生改变，但是要保证协调变量 U_s 在控制后满足变电站"子站"在上一步实时更新的协调约束 $[U'_{s,min}, U'_{s,max}]$。

以上做法实际上是将离散变量约束转换成变电站母线电压的控制范围约束，在连续变量优化中不再考虑离散变量约束。

（2）数学模型。电容电抗器的投切已经在一级电压控制中完成，二级电压控制的输入数据已经是电容电抗器投切后的状态，因此 ΔQ_c 为 0。同时，将复杂约束 $g_c(\Delta Q_c) \geq 0$ 交由一级电压控制——变电站"子站"考虑，变电站的"子站"模型为

$$\min_{\Delta Q_c} \| (U_s - U_{s,ref}) + C_{sc}\Delta Q_c \|^2$$
$$\text{s. t. } U_{-s} \leq U_s + C_{sc}\Delta Q_c \leq U_{s,max}$$
$$g_c(\Delta Q_c) \geq 0 \tag{2-54}$$

对于模型求解，不采用数学方法直接求解，而是转化为专家规则的方法实现。

而简化后的协调二级电压控制模型的区别在于对于协调变量 U_s 所对应的约束条件的约束范围由 $[U_{s,min}, U_{s,max}]$ 变为 $[U'_{s,min}, U'_{s,max}]$。新的约束为

$$U'_{s,min} \leq U_s + C_{sc}\Delta Q_c \leq U'_{s,max} \tag{2-55}$$

$[U'_{s,min}, U'_{s,max}]$ 是 $[U_{s,min}, U_{s,max}]$ 的一个子集，是由变电站"子站"周期刷新的

约束范围。而 $[U'_{s,\min}, U'_{s,\max}]$ 可以看作是该母线运行的上下限约束，是一个较宽的区间；从 $[U_{s,\min}, U_{s,\max}]$ 到 $[U'_{s,\min}, U'_{s,\max}]$ 的变化说明了在厂站协调模式下，发电机的优化空间被压缩，其物理意义如下：

1）电容电抗器的投切可以看作是一种基础的无功功率支撑状态，每一个电容电抗器动作后相当于由一个支撑状态过渡到另一个支撑状态，但由于电容电抗器的离散性质，其控制量为阶跃量，只能实现一种粗放式的调节，因此在两次的设备动作之间有一个控制的空白区域。这个空白范围内的控制无法由离散变量实现，可进一步利用发电机无功功率的连续调节能力实现精细化的调节。

2）当电容电抗器全部投入或者退出，变电站电压或者无功功率仍然不能满足要求时，说明此时离散控制设备的控制能力已经耗尽，在这种情况下应当利用发电机的动态无功调节能力作为必要的补充。

可见，厂站协调的关键在于协调约束 $U'_{s,\min} \leqslant U_s + C_{sc}\Delta Q_c \leqslant U'_{s,\max}$，包括两个问题：

1）在给定该约束条件情况下如何求解发电机无功功率 ΔQ_g。不同变电站根据自身的控制情况给出各自的协调约束上下限，而在本区域的协调二级电压控制模型中进行汇总，在综合考虑本区域协调控制约束的可行域范围之内求解电厂侧的优化控制策略。模型只和连续变量 ΔQ_g 相关，是常规的二次规划模型，与传统的协调二级电压控制相比只是可行域缩小。如果多个变电站给出的可行约束过于严格，或者互相矛盾，导致没有可行解，此时可以按照与相应发电机耦合关系的紧密程度来适当松弛约束。

2）变电站控制如何实时更新协调约束的上下限，即变电站的电压控制模块需要更新协调约束限值 $[U'_{s,\min}, U'_{s,\max}]$。

（3）协调约束限值的实时更新。对于变电站来说，在区域范围内，与之相邻的电厂发电机的无功功率连续调节作用类似于一台挂接在变电站内的本地调相机，区别主要体现在：

1）本地调相机对本地母线电压的灵敏度更大。

2）远方发电机可能是多台，对于本地电压的影响是共同作用的结果。

3）变电站不能对远方的发电机直接进行调节，但是可以通过改变协调约束的限值来"促使"相邻发电机向期望方向调节。

基于上述考虑，假定第 i 个变电站本地控制单元内有一台虚拟调相机，其当前无功功率 $\widetilde{Q}_{gi}=0$。按照站内离散设备与连续设备的协调方法，可以在计算得到离散设备动作策略的同时求解得到预期的控制后调相机无功功率调整量 $\Delta \widetilde{Q}_{gi}$。由于实际上本地并不存在调相机，因此其作用要转移分布到相邻电厂的发电机上，二者等价性的依据是对本变电站协调变量的调节作用相同，即

$$C^i_{sg}\Delta Q_g = \widetilde{C}^i_{sg}\Delta \widetilde{Q}_{gi} = \Delta \widetilde{U}_{si} \tag{2-56}$$

此时变电站侧按照如下原则给出协调变量的协调约束：

1）若 $\Delta \widetilde{U}_{si} > 0$，则 $U'_{si,\min} = U_{si}$，$U'_{si,\max} = \min(U_{si} + \Delta \widetilde{U}_{si}, U'_{si,\max})$。

2）若 $\Delta \widetilde{U}_{si} \leqslant 0$，则 $U'_{si,\max} = U_{si}$，$U'_{si,\min} = \max(U_{si} + \Delta \widetilde{U}_{si}, U_{si,\min})$。

按照上述原则实时更新的上下限约束可以保证：

1）电厂控制与变电站控制之间不发生控制方向上的冲突。由于 $\Delta \widetilde{Q}_{gi}$ 是利用本地的虚拟调相机求解出的本地无功功率需求量，它实际上表示了变电站本地控制所需要的无功调节方向，而采用协调变量作为中间手段，将其控制作用等价地置换到相邻发电厂的无功调节量，保证电厂侧发电机的无功调节方向仍然满足变电站本地的无功功率需求，不会出现变电站本地需要减少无功功率，但电厂侧仍然不断向变电站侧增加无功功率输出的不协调情况。

2）可满足离散设备优先动作原则。虚拟调相机的调节量 $\Delta \widetilde{Q}_{gi}$ 不会超过最小的离散设备动作量，否则会优先动作离散设备。因此，从外部相邻电厂等价而来的控制作用 ΔQ_g 也不会超过最小的离散设备动作量，其可行域空间必然在当前离散设备投切状态和下次离散设备动作后状态的中间区域，目的是弥补离散设备不能精确调节的缺陷。

3）当离散设备没有可投切手段时，$\Delta \widetilde{Q}_{gi}$ 将代表变电站侧所额外需要的无功功率，由电厂侧发电机无功功率来提供，体现了连续变量对离散变量控制作用的补充。

4）利用此协调原则，可以实现灵活的控制时序配合。比如，早高峰期间，需要迎峰投入电容器，但变电站某侧母线电压仍然可能较高，一旦电容器投入，将导致母线电压越限。此时变电站控制模块可以预估投入的电容器容量 $\Delta \widetilde{Q}_{gi}$，并令 $\Delta \widetilde{Q}_g = -\widetilde{Q}_c$，从而促使相邻发电厂在此时段适当收缩无功功率，使得变电站侧可以优先投入电容器。

在实际的实施过程中，由于离散设备的调节需要一定的时间，因此采用了将变电站控制和电厂控制周期互相交错的方法，从一次控制的过程看，变电站侧决策与控制结束后才会进行电厂侧决策，两者时间相差 2min 左右。在进行变电站控制时，考虑了离散设备的动作次数约束和动作时间间隔约束。

2.3.3.2 厂厂协调

根据多目标分层优化的要求，以最优计划层的经济最优计划输出值作为基点追踪层调度过程的调整基点，以基点追踪层调整后的调度指令作为反馈校正层的修正基点。最后，反馈校正层将修正后的控制指令下发给机组，构成前向的计划下发数据流程。每一层负责修正上一层的偏差，遗留的偏差由下一层来修正，体现了一种"多级协调、逐级细化"的思想。

AVC 系统对电网内的无功功率资源进行在线连续闭环控制，目的是保证电网的电压运行状态更加合理。对于网省级电网而言，无功调节手段主要包括电厂侧的发电机无功功率等连续变量，以及变电站侧的电容电抗器、有载调压分接头（OLTC）等离散变量。由于电力系统中可用的无功调节设备众多，如果不能充分考虑各种手段的协调配合，就很容易导致控制后电网电压运行不合理。目前大家普遍关注连续变量与离散变量的协调优化和协调控制问题，但在电压控制的实践过程中逐渐发现，耦合紧密的连续变量之间（比如电气相邻的多个电厂）的协调控制问题日益突出，典型表现在控制后各发电机之间无功功率的不均衡，严重时甚至出现厂厂之间不合理的无功功率环流，这对电网运行带来了诸多新问题。

1. 厂厂不协调的问题分析

在长时间的闭环运行过程中，AVC 系统积累了大量的实际运行数据，其中包括一些典型的强耦合电厂间无功功率不均衡的场景。总结紧密耦合电厂间无功功率不协调现象，主要表现如下：

（1）振荡与反调。当电厂电气距离较近时，本电厂的控制行为对其他电厂的运行状态产生较大影响，若电厂均参与 AVC，各电厂可能由于控制不同步而出现振荡现象。

（2）过调与不调。由于各电厂控制状态、电压调节死区及调节速度等参数的差异，各电厂对电网电压波动的响应也不尽相同。当电网出现电压调节需求时，可能会有电厂由于不响应或者响应较慢而不调，还有些电厂由于积极快速响应而过调。

（3）无功负荷率不均衡。由于各发电机的容量均不相同，无功功率大小本身不能说明电厂无功负荷的轻重。为此，定义发电机无功负荷率用于定量分析发电机之间的无功功率均衡情况，即

$$L_i = \frac{Q_{i,\text{curr}}^{\text{g}} - Q_{i,\text{min}}^{\text{g}}}{Q_{i,\text{max}}^{\text{g}} - Q_{i,\text{min}}^{\text{g}}} \qquad (2-57)$$

式中 $Q_{i,\text{min}}^{\text{g}}$、$Q_{i,\text{max}}^{\text{g}}$、$Q_{i,\text{curr}}^{\text{g}}$——第 i 台发电机的无功功率最小值、最大值和当前值。

实际运行中导致电厂间无功功率运行不均衡的原因很多，可总结归纳如下：

（1）电压设定值不协调。电气耦合紧密电厂的电压设定值来源不同，比如受不同的调度中心控制，不同的控制算法、目标函数或约束条件均可能产生不同的控制策略，各电厂 AVC 子站收到的电压设定值不协调（比如相邻两电厂的电压调节方向相反），导致控制后出现不合理的无功功率分布。

（2）电压跟踪偏差。由于控制死区的存在，电厂 AVC 子站在追踪电压设定目标并进入控制死区后，电压实际值与精确设定值可能有一定偏差。控制后的电压偏差使得电厂间无功功率与控制中心预期的无功功率设定值产生差异。电压跟踪偏差的大小及分布和各子站的控制性能（主要包括调节速率和控制死区）有关。电压偏差对无功功率偏差的影响和电网结构有关。

电压设定值不协调的问题可通过控制中心间的协调或完善相应的运行管理规定等

来解决，本节重点分析电压跟踪偏差对控制后电厂间无功功率分布的影响。

2. 参数影响

基于控制理论，本节以控制母线电压设定值（调节量）ΔU^H 为输入信号，以发电机无功功率变化量 ΔQ^G 为输出信号，建立多电厂参与调节时的多输入多输出控制模型。

（1）多输入多输出控制模型。实际运行中，AVC 子站通过调整发电机的 AVR 的电压设定值来追踪主站下发的控制母线电压设定值。选择发电机机端的电压调节量 ΔU^G 为中间变量，建立多输入多输出系统的控制模型，如图 2-29 所示。

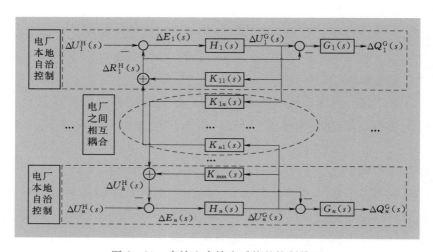

图 2-29　多输入多输出系统的控制模型

$\Delta U_1^H(s)$ —电厂 1 控制母线电压设定增量；$\Delta U_1^G(s)$ —电厂 1 机端电压调节量；$\Delta Q_1^G(s)$ —电厂 1 发电机无功功率
变化量；$\Delta R_1^H(s)$ —电厂 1 控制母线电压增加量；$\Delta E_1(s)$ —电厂 1 控制母线电压设定值与实际值的偏差；
$H_1(s)$ —电厂 1 的机端电压调节量随控制母线偏差的变化；$K_{1n}(s)$ —电厂 n 机端电压变化对电厂 1 控制母线
电压的影响；$G_1(s)$ —电厂 1 的机端电压增量与控制母线电压增量之差对该电厂无功功率变化的影响

为简化描述过程，定义以下变量：

1）$\boldsymbol{H}$、$\boldsymbol{G}$ 为以 $H_i(s)$ 与 $G_i(s)$ 为元素的列向量。

2）$\boldsymbol{K}$ 为以 $K_{ij}(s)$ 为元素的矩阵。

3）$\Delta \boldsymbol{U}^H$、$\Delta \boldsymbol{U}^G$、$\Delta \boldsymbol{Q}^G$、$\Delta \boldsymbol{R}^H$ 分别为以 $\Delta U_i^H(s)$、$\Delta U_i^G(s)$、$\Delta Q_i^G(s)$、$\Delta R_i^H(s)$ 为元素的列向量。

由此可得

$$\left.\begin{aligned}
\Delta \boldsymbol{U}^G &= (diag\{\boldsymbol{H}\}^{-1}+\boldsymbol{K})^{-1}\Delta \boldsymbol{U}^H \\
\Delta \boldsymbol{R}^H &= \boldsymbol{K}(diag\{\boldsymbol{H}\}^{-1}+\boldsymbol{K})^{-1}\Delta \boldsymbol{U}^H \\
\Delta \boldsymbol{Q}^G &= diag\{\boldsymbol{G}\}(1-\boldsymbol{K})(diag\{\boldsymbol{H}\}^{-1}+\boldsymbol{K})^{-1}\Delta \boldsymbol{U}^H
\end{aligned}\right\} \qquad (2-58)$$

定义传递函数矩阵 $\boldsymbol{B}^G$、$\boldsymbol{B}^R$、$\boldsymbol{B}^Q$ 为

$$\left. \begin{array}{l} \boldsymbol{B}^{\mathrm{G}} = \begin{bmatrix} K_{11}(s) + H_1^{-1}(s) & \cdots & K_{1n}(s) \\ \vdots & \vdots & \vdots \\ K_{n1}(s) & \cdots & K_{nn}(s) + H_n^{-1}(s) \end{bmatrix} \\[3mm] \boldsymbol{B}^{\mathrm{R}} = \begin{bmatrix} G_1(s) - G_1(s)K_{11}(s) & \cdots & -G_1(s)K_{1n}(s) \\ \vdots & \vdots & \vdots \\ -G_n(s)K_{n1}(s) & \cdots & G_n(s) - G_n(s)K_{n1}(s) \end{bmatrix} \\[3mm] \boldsymbol{B}^{\mathrm{Q}} = \begin{bmatrix} K_{11}(s) & \cdots & K_{1n}(s) \\ \vdots & \vdots & \vdots \\ K_{n1}(s) & \cdots & K_{nn}(s) \end{bmatrix} \end{array} \right\} \tag{2-59}$$

式中 $\boldsymbol{B}^{\mathrm{G}}$——某电厂的控制母线电压设定值输入到另一电厂的机端电压变化量的传递函数；

$\boldsymbol{B}^{\mathrm{R}}$——某电厂的控制母线电压设定值输入到另一电厂的控制母线电压实际变化量的传递函数；

$\boldsymbol{B}^{\mathrm{Q}}$——某电厂的控制母线电压设定值输入到另一电厂的发电机无功功率变化量的传递函数。

（2）两输入两输出传递函数。引入合理的简化条件，可得到 $\boldsymbol{H}$、$\boldsymbol{G}$、$\boldsymbol{K}$ 各元素的表达式，并得到两输入两输出系统中的表达式。

假设 AVC 子站为一阶控制系统，则

$$H_i(s) = \frac{1}{T_i s} \tag{2-60}$$

式中 T_i——电厂 i 的 AVC 子站控制时间常数，一般有 $T_i > 0$。

由于 AVC 为小步长控制，可采用灵敏度来近似描述非线性电力系统各节点间的电压关系，忽略控制过程中灵敏度的变化，忽略数据采集和控制的时延，则有

$$\left. \begin{array}{l} K_{ij}(s) = k_{ij} \\ G_i(s) = g_i \end{array} \right\} \tag{2-61}$$

其中， $$k_{ii} > 0, k_{ij} \geqslant 0, k_{ii} \geqslant k_{ij}$$

$$g_i = \frac{U_i}{X_i}$$

式中 k_{ij}——电厂 i 控制母线电压对电厂 j 机端电压变化的灵敏度；

g_i——电厂 i 无功功率对机端电压增量与控制母线电压增量之差（即为升压变压降变化量）的灵敏度；

U_i——电厂 i 高压侧控制母线电压幅值标幺值；

X_i——发电机机端到控制母线的等值电抗（一般为升压变支路电抗）。

因此一般有

$$U_i, X_i, g_i > 0 \qquad (2-62)$$

基于上述各式，得到两输入两输出系统的传递函数矩阵元素值为

$$\boldsymbol{B}^{\mathrm{G}} = \begin{pmatrix} \dfrac{k_{22} + T_2 s}{(k_{11} + T_1 s)(k_{22} + T_2 s) - k_{12} k_{21}} & -\dfrac{k_{12}}{(k_{11} + T_1 s)(k_{22} + T_2 s) - k_{12} k_{21}} \\ \dfrac{k_{21}}{(k_{11} + T_1 s)(k_{22} + T_2 s) - k_{12} k_{21}} & \dfrac{k_{11} + T_1 s}{(k_{11} + T_1 s)(k_{22} + T_2 s) - k_{12} k_{21}} \end{pmatrix}$$

$$\boldsymbol{B}^{\mathrm{R}} = \begin{pmatrix} \dfrac{k_{11} T_2 s + k_{11} k_{22} - k_{12} k_{21}}{(k_{11} + T_1 s)(k_{22} + T_2 s) - k_{12} k_{21}} & \dfrac{k_{12} T_1 s}{(k_{11} + T_1 s)(k_{22} + T_2 s) - k_{12} k_{21}} \\ \dfrac{k_{21} T_2 s}{(k_{11} + T_1 s)(k_{22} + T_2 s) - k_{12} k_{21}} & \dfrac{k_{22} T_1 s + k_{11} k_{22} - k_{12} k_{21}}{(k_{11} + T_1 s)(k_{22} + T_2 s) - k_{12} k_{21}} \end{pmatrix}$$

$$\boldsymbol{B}^{\mathrm{Q}} = \begin{pmatrix} g_1 \dfrac{(1 - k_{11})(k_{22} + T_2 s) + k_{12} k_{21}}{(k_{11} + T_1 s)(k_{22} + T_2 s) - k_{12} k_{21}} & -\dfrac{g_1 k_{12} T_1 s + g_1 k_{12}}{(k_{11} + T_1 s)(k_{22} + T_2 s) - k_{12} k_{21}} \\ -\dfrac{g_2 k_{21} T_2 s + g_2 k_{21}}{(k_{11} + T_1 s)(k_{22} + T_2 s) - k_{12} k_{21}} & g_2 \dfrac{(1 - k_{22})(k_{11} + T_1 s) + k_{12} k_{21}}{(k_{11} + T_1 s)(k_{22} + T_2 s) - k_{12} k_{21}} \end{pmatrix}$$

$$(2-63)$$

式（2-63）中各元素的分母均相同，为 s 的 2 次多项式，分子为常数或者 s 的 1 次多项式。则各传递函数的极点值 a、b 的表达式为

$$\left. \begin{array}{l} a = -\dfrac{\eta + \sqrt{\eta^2 - \mu}}{2 T_1 T_2} \\[3mm] b = -\dfrac{\eta - \sqrt{\eta^2 - \mu}}{2 T_1 T_2} \end{array} \right\} \qquad (2-64)$$

其中，

$$\left. \begin{array}{l} \eta = k_{11} T_2 + k_{22} T_1 \\ \mu = 4 T_1 T_2 (k_{11} k_{22} - k_{12} k_{21}) \end{array} \right\}$$

由式（2-64）可知

$$\eta^2 - \mu = (k_{11} T_2 - k_{22} T_1)^2 + 4 T_1 T_2 k_{12} k_{21} \geqslant 0 \qquad (2-65)$$

因此，a、b 均为实数。

为了简化描述，定义增益矩阵 $\boldsymbol{D}$ 和零点矩阵 $\boldsymbol{Z}$。从而，得到 $\boldsymbol{D}^{\mathrm{G}}$ 和 $\boldsymbol{Z}^{\mathrm{G}}$ 的表达式为

$$\left. \begin{array}{l} \boldsymbol{D}^{\mathrm{G}} = \begin{pmatrix} \dfrac{1}{T_1} & -\dfrac{k_{12}}{T_1 T_2} \\[3mm] -\dfrac{k_{21}}{T_1 T_2} & \dfrac{1}{T_2} \end{pmatrix} \\[8mm] \boldsymbol{Z}^{\mathrm{G}} = \begin{pmatrix} -\dfrac{k_{22}}{T_2} & none \\[3mm] none & -\dfrac{k_{11}}{T_1} \end{pmatrix} \end{array} \right\} \qquad (2-66)$$

式中 $none$ ——该元素对应的传递函数没有零点。

由式（2-66）得到 $\boldsymbol{D}^{R}$ 和 $\boldsymbol{Z}^{R}$ 的表达式为

$$
\left.
\begin{aligned}
\boldsymbol{D}^{R} &= \begin{vmatrix} \dfrac{k_{11}}{T_1} & \dfrac{k_{12}}{T_2} \\[2mm] \dfrac{k_{21}}{T_1} & \dfrac{k_{22}}{T_2} \end{vmatrix} \\[4mm]
\boldsymbol{Z}^{R} &= \begin{vmatrix} -\dfrac{k_{11}k_{22}-k_{12}k_{21}}{k_{11}T_2} & 0 \\[4mm] 0 & -\dfrac{k_{11}k_{22}-k_{12}k_{21}}{k_{22}T_1} \end{vmatrix}
\end{aligned}
\right\}
\tag{2-67}
$$

则 $\boldsymbol{D}^{Q}$ 和 $\boldsymbol{Z}^{Q}$ 的表达式为

$$
\left.
\begin{aligned}
\boldsymbol{D}^{Q} &= \begin{vmatrix} \dfrac{g_1-g_1k_{11}}{T_1} & \dfrac{-g_1k_{12}}{T_2} \\[4mm] \dfrac{-g_2k_{21}}{T_1} & \dfrac{g_2-g_2k_{22}}{T_2} \end{vmatrix} \\[4mm]
\boldsymbol{Z}^{Q} &= \begin{vmatrix} -\dfrac{k_{22}-k_{11}k_{22}+k_{12}k_{21}}{(1-k_{11})T_2} & -\dfrac{1}{T_1} \\[4mm] -\dfrac{1}{T_2} & -\dfrac{k_{11}-k_{11}k_{22}+k_{12}k_{21}}{(1-k_{22})T_1} \end{vmatrix}
\end{aligned}
\right\}
\tag{2-68}
$$

假设输入信号 $\Delta U_i^{H}(s)$ 为阶跃信号，有

$$
\Delta U_i^{H}(s) = \frac{\rho_i}{s}, \quad i=1,2
\tag{2-69}
$$

式中 ρ_i ——电厂 i 的输入阶跃信号幅值（电压设定值调节量）。

根据线性系统信号叠加原理，输出信号可分解为

$$
\left.
\begin{aligned}
\Delta U_1 &= \rho_1 \Delta U_{1,1} + \rho_2 \Delta U_{1,2} \\
\Delta U_2 &= \rho_1 \Delta U_{2,1} + \rho_2 \Delta U_{2,2} \\
\Delta R_1 &= \rho_1 \Delta R_{1,1} + \rho_2 \Delta R_{1,2} \\
\Delta R_2 &= \rho_1 \Delta R_{2,1} + \rho_2 \Delta R_{2,2} \\
\Delta Q_1 &= \rho_1 \Delta Q_{1,1} + \rho_2 \Delta Q_{1,2} \\
\Delta Q_2 &= \rho_1 \Delta Q_{2,1} + \rho_2 \Delta Q_{2,2}
\end{aligned}
\right\}
\tag{2-70}
$$

式中 $\Delta U_{i,j}$、$\Delta R_{i,j}$、$\Delta Q_{i,j}$ ——电厂 j 输入单位阶跃信号后，电厂 i 的发电机机端电压变化量、控制母线电压变化量以及发电机无功功率变化量输出信号，$i=1,2$；$j=1,2$。

根据极子 b 的取值不同，分别给出 $\Delta U_{i,j}$、$\Delta R_{i,j}$、$\Delta Q_{i,j}$ 的表达式。

1）$b=0$。此时，传递函数有零极子，当各电厂分别输入单位阶跃信号后，

$\Delta U_{i,j}(s)$ 的时域函数 $\Delta u_{i,j}(t)$ 描述为

$$
\left.\begin{aligned}
\Delta u_{1,1}(t) &= \frac{d_{11}^{G}(z_{11}^{G}-a)}{a^2}(1-e^{at}) + \frac{d_{11}^{G} z_{11}^{G}}{a}t \\
\Delta u_{1,2}(t) &= -\frac{d_{12}^{G}}{a^2}(1-e^{at}) - \frac{d_{12}^{G}}{a}t \\
\Delta u_{2,1}(t) &= -\frac{d_{21}^{G}}{a^2}(1-e^{at}) - \frac{d_{21}^{G}}{a}t \\
\Delta u_{22}(t) &= \frac{d_{22}^{G}(z_{22}^{G}-a)}{a^2}(1-e^{at}) + \frac{d_{22}^{G} z_{22}^{G}}{a}t
\end{aligned}\right\}
\tag{2-71}
$$

$\Delta R_{i,j}(s)$、$\Delta Q_{i,j}(s)$ 的时域函数 $\Delta r_{i,j}(t)$、$\Delta q_{i,j}(t)$ 类似（$i=1, 2$；$j=1, 2$）。

2）$b \neq 0$。此时，传递函数无零极子，当各电厂分别输入单位阶跃信号后，$\Delta U_{i,j}(s)$ 的时域函数 $\Delta u_{i,j}(t)$ 描述为

$$
\left.\begin{aligned}
\Delta u_{1,1}(t) &= \frac{-d_{11}^{G} z_{11}^{G}}{ab} + \frac{d_{11}^{G}(a-z_{11}^{G})}{a(a-b)}e^{at} - \frac{d_{11}^{G}(b-z_{11}^{G})}{b(a-b)}e^{bt} \\
\Delta u_{1,2}(t) &= \frac{d_{12}^{G}}{ab} + \frac{d_{12}^{G}}{a(a-b)}e^{at} - \frac{d_{12}^{G}}{b(a-b)}e^{bt} \\
\Delta u_{2,1}(t) &= \frac{d_{21}^{G}}{ab} + \frac{d_{21}^{G}}{a(a-b)}e^{at} - \frac{d_{21}^{G}}{b(a-b)}e^{bt} \\
\Delta u_{22}(t) &= \frac{-d_{22}^{G} z_{22}^{G}}{ab} + \frac{d_{22}^{G}(a-z_{22}^{G})}{a(a-b)}e^{at} - \frac{d_{22}^{G}(b-z_{22}^{G})}{b(a-b)}e^{bt}
\end{aligned}\right\}
\tag{2-72}
$$

$\Delta R_{i,j}(s)$、$\Delta Q_{i,j}(s)$ 的时域函数 $\Delta r_{i,j}(t)$、$\Delta q_{i,j}(t)$ 类似（$i=1, 2$；$j=1, 2$）。

3. 数值仿真

由前述分析可知，影响输出信号运行轨迹的参数主要包括：

（1）k_{ij}、g_i：由网络结构决定的控制灵敏度。

（2）T_i：电厂 AVC 时间常数。

（3）δ：电厂控制母线的电压控制死区。

以两输入两输出系统为研究对象，从稳定性、耦合度系数、时间常数（对应的稳态截断误差）和控制死区分析参数对运行轨迹的影响。

（1）稳定性分析。由控制理论，μ 值正负确定了控制是否可收敛到稳态解。

1）$\mu > 0$ 时，收敛，此时两个极子 a、b 均为负实数，μ 越大，收敛越快。

2）$\mu = 0$ 时，发散，此时极子 b 为 0，发散速度与时间呈线性关系。

3）$\mu < 0$ 时，发散，此时极子 b 为正实数，发散速度与时间成指数关系，μ 越大，发散速度越快。

定义两电厂间的耦合度系数 λ 为

$$
\lambda = \frac{k_{12} k_{21}}{k_{11} k_{22}}
\tag{2-73}
$$

由于矩阵 $\boldsymbol{K}$ 的元素取值一般为正，则有

$$\lambda \geqslant 0 \qquad\qquad (2-74)$$

可得

$$\mu = 4T_1 T_2 k_{11} k_2 (1-\lambda) \qquad\qquad (2-75)$$

λ 值与系统稳定性的关系为：①当 $0 \leqslant \lambda < 1$ 时，$\mu > 0$，此时系统稳定，λ 越小，极子 b 距离复平面的虚轴越远，控制系统越稳定；②当 $\lambda \geqslant 1$ 时，$\mu = 0$，存在着零极子或者正实数极子，则系统失去稳定。

基于 Matlab 仿真，可研究不同参数对输出变量运行轨迹的影响。

（2）耦合度系数的影响。给定电厂 AVC 时间常数和电压控制死区，图 2-30 为在不同的耦合度系数下机组无功功率偏差随时间的变化曲线。

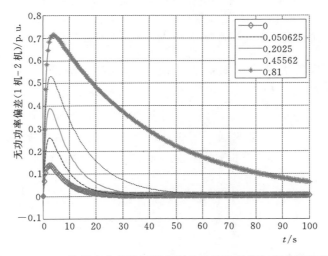

图 2-30　不同的耦合度系数下机组无功功率偏差随时间的变化曲线

整个控制过程可以分为以下阶段：

1）阶段 1。为了追踪电压设定值，时间常数较小的电厂无功功率快速增加，同时时间常数较大的电厂由于响应较慢而使得无功功率增长较慢甚至反调。

2）阶段 2。为了追踪电压设定值，时间常数较大的电厂无功功率增加，同时时间常数较小的电厂无功功率减少，以保证控制母线电压始终保持在控制死区范围以内。

3）阶段 3。两电厂控制母线电压保持在设定值死区范围以内。

从控制过程以及控制结果可知：λ 越大，控制中出现的电厂间无功功率偏差的绝对值就越大，相应进入控制稳态的时间就越晚。

（3）时间常数的影响。为了便于描述，定义时间常数比 $t_k = T_1/T_2$。给定耦合度系数和电压控制死区，图 2-31 为在不同的时间常数比值下机组无功功率偏差随时间的变化曲线。

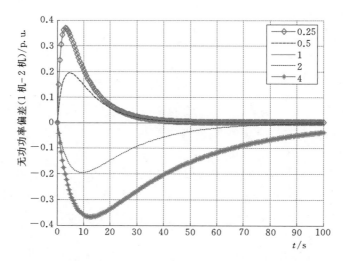

图 2-31　在不同的时间常数比值下机组无功功率偏差随时间的变化曲线

从控制过程以及控制结果可知：t_k 与 1 的偏差越大，控制中出现的电厂间无功功率偏差的绝对值就越大，相应进入控制稳态的时间就越晚。

（4）控制死区的影响。当所有电厂控制母线电压均到达控制死区的时刻时，定义为稳态运行时刻，该时刻对应的电厂间无功功率偏差为稳态截断误差。图 2-32 为在不同的耦合度系数下控制死区对稳态截断误差和稳态时间的影响。

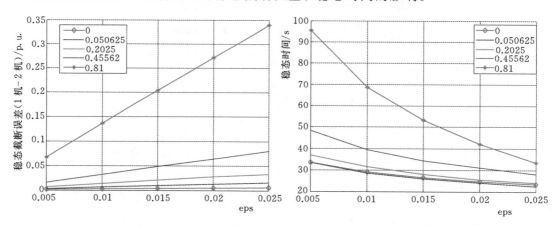

图 2-32　在不同的耦合度系数下控制死区对稳态截断误差和稳态时间的影响

图 2-33 为在不同的时间常数比值下控制死区对稳态截断误差和稳态时间的影响。

由此可见：①控制死区越大，到达稳态运行的时间越早，稳态截断误差越大；②同样的控制死区，时间常数比值与 1 的偏差越大或者耦合度系数越大，到达稳态运行时间越晚，稳态截断误差越大。

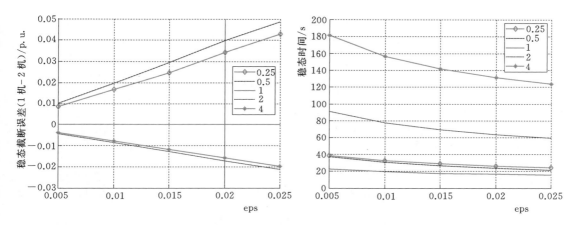

图 2-33　在不同的时间常数比值下控制死区对稳态截断误差和稳态时间的影响

4. 协调控制方法

为解决强耦合电厂间无功功率不均衡问题，需要在控制中心 AVC 主站研究强耦合电厂间的协调控制方法（以下简称厂厂协调）。厂厂协调的作用就是通过控制中心在全网层面的协调，消除或降低由于各电厂 AVC 子站的自律调节所带来的电厂间不合理无功功率分布，使得电厂无功电压运行状态满足控制中心预期。

分析实际运行数据可知，强耦合电厂间的无功功率波动属于局部的、分钟级的快速无功功率波动，按照分级电压控制理论，以全网无功优化为目标的小时级三级电压控制将不起作用，需要以分钟级为启动周期的二级电压控制来解决厂厂协调问题。

为实现二级电压控制，提出了协调二级电压控制方法，目前已经应用于多个工程现场，实践证明该方法可行有效。为描述方便，将该方法中的多目标二次规划模型简写为

$$\left.\begin{aligned}&\min_{\Delta\boldsymbol{Q}^{G}}H(\Delta\boldsymbol{Q}^{G})=W^{P}H^{P}(\Delta\boldsymbol{Q}^{G})+W^{Q}H^{Q}(\Delta\boldsymbol{Q}^{G})\\&\text{s. t. }G(\Delta\boldsymbol{Q}^{G})\leqslant0\end{aligned}\right\} \tag{2-76}$$

式中　$\Delta\boldsymbol{Q}^{G}$——控制变量（发电机无功功率调节增量）；

$\quad\quad H$——目标函数，包含中枢母线电压偏差最小目标 H^{P} 和发电机无功均衡目标 H^{Q} 两部分；

W^{P}、W^{Q}——两目标的权重；

$\quad\quad G$——约束条件。

由于参与协调电厂间的电压运行和控制强耦合特点，给传统协调二级电压控制方法带来新的技术挑战，主要体现在：

1）协调二级电压控制加权多目标优化模型中引入 H^{Q} 目标函数的目的是使得各发电机无功功率更均衡，但实际运行中该目标函数经常不能发挥作用。其原因是为了保证中枢母线电压追踪其优化设定值，第 1 项的目标权重 W^{P}（典型值为 10.0）会远

大于 W^Q（典型值为 0.01）。当中枢母线电压实测值偏离设定值较远时，受电厂调节步长等约束限制，给出的控制策略可能不能保证第 1 项目标值为 0（或接近为 0），使得第 2 项控制目标失效，导致给出的无功功率设定值不满足无功功率均衡要求。

2）在常规的 AVC 系统中，为了避免电厂的频繁调节，当中枢母线电压调节到位后，电厂高压母线电压的设定值一般会直接保持上次设定值不变；而实际运行中，即使中枢母线电压调节到位，当厂厂协调组内电厂无功功率不均衡时，也需要进行无功功率协调。

3）为了实现无功功率均衡，一般情况下，无功负荷率较小的发电机会增加无功功率，无功负荷率较大的发电机会降低无功功率，当各发电机的无功功率调节作用叠加后，有可能使得给出的电厂高压母线调节量较小，甚至小于电厂控制死区，此时只向电厂 AVC 子站下发电压调节指令的传统控制方式已经不能满足厂厂协调的控制要求，需要同时下发无功功率调节指令。

工程实用的厂厂协调方法应当具备如下功能：

1）分组协调。基于给定的电厂耦合系统门槛，判定两电厂是否需要无功功率协调。

2）电压调节无功功率跟踪控制。若中枢母线电压未调节到位，在消除中枢母线电压调节偏差的同时，兼顾电厂间的无功负荷率偏差满足协调约束。

3）电压保持无功功率均衡控制。若中枢母线电压调节到位，增加厂厂协调无功负荷率偏差最小协调目标，保证主站给出的控制策略既能使得中枢母线电压保持在设定值死区范围内，又能优化电厂间无功功率分布。

4）无功功率调节指令。在传统电压调节指令的基础上，增加无功功率调节指令。

（1）分组协调。基于给定的电厂互耦合参数门槛，建立电厂间的邻接关系矩阵，通过拓扑搜索生成厂厂协调组，其生成流程如图 2-34 所示。

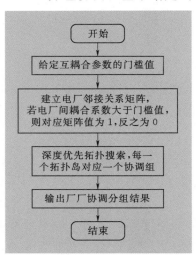

经过厂厂协调分组，同一组内各电厂由于强耦合而需要无功功率协调，组间的各电厂由于相对弱耦合而不需要无功功率协调。

（2）电压调节无功功率跟踪控制。若中枢母线电压实测值与设定值的偏差超过控制死区，则启动基于厂厂协调约束的电压调节无功功率跟踪控制，在中枢母线电压追踪其优化设定值的同时，避免各电厂的无功功率不满足均衡控制要求。

对于第 k 个厂厂协调组，定义其平均无功负荷率为

图 2-34 厂厂协调组的生成流程

$$L_k^A = \frac{\sum\limits_{i \in Z_k^{gg}} Q_{i,\text{curr}}^G + \sum\limits_{i \in Z_k^{gg}} \Delta Q_i^G - \sum\limits_{i \in Z_k^{gg}} Q_{i,\text{min}}^G}{\sum\limits_{i \in Z_k^{gg}} Q_{i,\text{max}}^G - \sum\limits_{i \in Z_k^{gg}} Q_{i,\text{min}}^G} \tag{2-77}$$

式中 Z_k^{gg}——属于第 k 个厂厂协调组的发电机集合；

ΔQ_i^G——第 i 台发电机的无功功率调节量。

定义发电机无功负荷率偏差指标 ΔL_i 为

$$\Delta L_i = L_i - L_k^A \tag{2-78}$$

式中 L_i——第 i 台发电机的无功负荷率。

在电网有调节中枢母线电压的需求时，针对每一台参与厂厂协调的发电机，在原协调二级电压控制模型中增加厂厂协调约束，即

$$|\Delta L_i| \leqslant \varepsilon^q \tag{2-79}$$

式中 ε^q——发电机无功负载率偏差控制死区。

（3）电压保持无功功率均衡控制。若中枢母线电压已经调节到位，则启动基于厂厂协调目标的无功功率均衡控制，降低厂厂协调组内各发电机的无功负荷率偏差。

构造二次规划数学模型为

$$\min_{\Delta Q^G} W_c^p \sum_i^{i \in C} (L_i - L_k^A)^2 + W_c^q \sum_i^{i \in A} (\Delta Q_i^G)^2 \tag{2-80}$$

满足以下约束

$$G(\Delta Q^G) \leqslant 0$$
$$|U_i^p + S_i^{pg} \Delta Q^G - U_{i,\text{max}}^p| \leqslant \varepsilon_U \tag{2-81}$$

式中 C——参与厂厂协调的受控发电机集合；

A——不参与厂厂协调的受控发电机集合；

W_c^p——厂厂无功负荷率偏差最小目标权重，现场应用中，W_c^p 可取 10.0；

W_c^q——发电机无功调节量最小目标权重，现场应用中，W_c^q 可取 0.01；

$G(\Delta Q^G)$——传统协调二级电压控制模型的约束条件；

U_i^p、$U_{i,\text{max}}^p$——第 i 条中枢母线电压实测值及电压设定值；

S_i^{pg}——第 i 条中枢母线电压对发电机无功功率的调节灵敏度向量；

ε_U——中枢母线电压控制死区。

（4）无功功率调节指令。为了使得电厂 AVC 子站能准确把握 AVC 主站提出的电压调节需求，避免由于电厂的自律动作使得强耦合电厂间出现不合理的无功功率分布或者无功功率波动，在传统电压调节指令的基础上，增加向电厂下发无功功率调节指令的环节，相应地，需要扩展电厂 AVC 子站功能，使之具备接收并按照全厂无功功率设定目标进行调节的功能，电厂子站调节策略如图 2-35 所示。

关键技术要点如下：

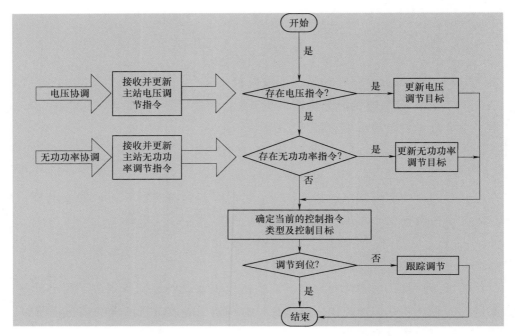

图 2-35　电厂子站调节策略

1）在同一厂厂协调组内，选择动作速度较快、响应较灵敏的发电厂作为无功功率协调电厂，其他电厂作为传统的电压协调电厂。

2）单次协调二级电压控制计算后（5min 级），向电压协调电厂下发电厂高压母线电压调节指令。

3）在两次协调二级电压控制计算周期之间，以 1min 为周期，各 AVC 主站向无功功率协调电厂下发全厂总无功功率调节指令，使得厂厂协调组内各电厂间无功功率均衡。

4）AVC 子站接收到全厂总无功功率调节指令后，调节厂内各发电机的无功功率，使得全厂无功功率追踪 AVC 主站下发的无功功率调节指令。

5）AVC 子站接收到高压母线电压调节指令后，调节厂内各发电机的无功功率，使得电厂高压侧母线电压追踪 AVC 主站下发的电压调节指令。

（5）计算控制流程。AVC 主站的厂厂协调计算控制流程如图 2-36 所示。

厂厂协调以软分区为单位进行：

1）在各软分区内进行厂厂协调分组，确定需要进行协调的电厂组合。

2）在策略计算环节，判断该分区内的控制目标（即中枢母线电压）是否调节到位（即是否追随三级优化设定值），若没有调节到位，则进行考虑厂厂协调约束的电压调节无功功率跟踪控制；反之，进行考虑厂厂协调目标的电压保持无功功率均衡控制。

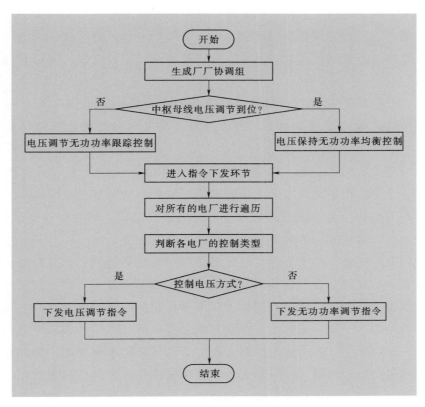

图 2 - 36　厂厂协调计算控制流程

3）在指令下发环节，选择动作速度较快、响应较灵敏的发电厂作为无功功率协调电厂并下发无功功率调节指令，其余电厂作为电压协调电厂并下发电压调节指令。

4）在指令执行环节，由各电厂根据接收到的指令类型及指令值进行跟踪调节。

2.3.4　多级控制中心电压协调优化控制

我国电网互联一体，传统的 AVC 系统针对各级电网进行独立控制，其控制对象只是电力系统的局部，而任何局部的控制都会对全局电网状态产生影响，尤其对一些关系相对紧密的电力系统，如果只进行独立控制，可能在双方边界上产生控制振荡或者从全局电网的角度导致控制效果的下降。

为了解决电网互联和控制孤立之间的矛盾，就势必要对各级电网的 AVC 系统进行协调，即进行多级控制中心电压协调优化控制。传统的协调做法是一种自上而下的单方向协调：选择上下级关口的运行状态作为协调变量，上级 AVC 系统站在上级电网的角度给出协调变量设定值，该设定值通过调度数据网下发到下级 AVC 系统；下级 AVC 系统在控制决策过程中，除了要满足本级电网的控制目标和运行约束外，还要实时跟踪上级 AVC 系统给出的协调变量设定值。这种控制模式只考虑了下级对上级的支持，未考虑上级对下级的影响，其单方向的协调策略不能实现上下级电网的双向互动，未能真正发挥协调控制的优势。以省地协调电压控制为例，当地调控制手段已经用尽但整体电压依然过高（或过低）时，若省调不予以支援，则地调的电压质量将难以保证。

在我国，目前控制中心之间的协调电压控制主要是网省地这三级电网之间的协调。在分层分区的调度管理体制下，多级控制中心电压协调优化控制问题具有如下特点：

（1）电网互联，相互影响。以省地电网为例，从上级电网来看，下级电网是用户，相当于一个等值负荷，其内部无功功率的就地补偿情况将直接影响从上级主网下送的无功功率大小；而从下级电网来看，上级电网是电源，相当于一个等值发电机，上级电网的电压高低将直接影响下级电网整体的电压水平。

（2）控制决策分布。对于上述互联电网的控制与决策实际上是分布进行的，这种分布性体现在：从空间上，上级 AVC 系统和下级 AVC 系统有不同的控制范围，各控制中心的控制模型、控制手段、控制算法都不尽相同，但同时电网互联一体，如何保证双方控制策略协调一致，避免出现控制边界上明显不合理的无功功率流动，这是一个难点问题；从目标上，上下级电网有各自的控制对象和控制目标，如何有机地协调各个控制目标也是一个难题；从时间上，上下级电网有各自的控制手段，各控制手段具有不同的时间常数，如何对分布在不同控制中心的离散设备和连续设备的行为进行协调同样是一个难题。

（3）信息具有局部性。这里的信息是一个广义的概念，涵盖了电网模型、计算模型、约束条件、实时数据等各项内容，以省地协调为例，由于地调辐射电网节点多、电压等级低，在省调侧一般不关心其内部细节，省调侧 EMS 不必要也不可能进行过于详细的建模；同理，地调侧也无法获知省调 220kV 电网的详细结构。

如果把分布在电网中的控制系统看成具有决策能力的智能体，那么这个智能体只能根据局部信息进行分析与决策，它所得出的控制策略也仅在有限信息条件下是最优的，如果综合考虑全局信息，这一策略就不是优化的，甚至不是可行的。上级 AVC 系统和下级 AVC 系统都追求在一定电压约束条件下的系统优化运行，但是无论上级还是下级的 AVC 系统，其约束条件都只面向自身，做不到涵盖全局。比如上级 AVC 系统通过闭环控制，可以保证将该控制中心内的电网母线电压控制在预先要求的运行范围之内，对于上级 AVC 系统来说，这是满足要求的可行解，但是对于下级电网而言，可能导致其电网的大面积电压越限，如果上级 AVC 系统没有建立相应的下级电网模型，也就无从获知这一信息；而从下级侧出发，尽管此时调整上级电网根节点电压是最有效的调节手段，但是由于下级电网不能向上级电网发出调节需求，只能在其电网内部进行大面积的设备调整，付出较大的控制代价。

综上所述，目前控制中心内的 AVC 系统主要基于本控制中心内部的信息进行调节控制，其控制目标和控制手段都集中在本控制中心内，无法从全局电网的角度来进行协调。而控制中心间的协调电压控制主要还是以单方向协调为主，这种控制模式利用下级电网的资源帮助上级电网进行调节，而上级电网并不能获知下级电网的运行需求并帮助其调节。因此，这个控制模式严格意义上不属于"互动化"的协调控制。

本节采用控制中心内的 AVC 独立控制和控制中心间的互动协调优化控制相结合的方法来解决多级控制中心电压协调优化控制问题。在概念上，将地理上广域分布的各级 AVC 系统看成是分散独立的控制系统，通过各控制系统之间的信息交互来弥补局部信息的不足，使原来进行孤立决策的各级 AVC 系统互动起来，保证各级 AVC 系统在分布控制下的协同一致，实现全局电网的优化控制。

2.3.4.1 基本概念

1. 协调关口

在分层分区的调度体制下，全局电网的结构具有如下特点：

（1）下级电网只与上级电网互联，各下级电网之间无互联关系。

（2）上下级电网边界构成了割集，即上下级电网只通过边界节点相联系。

为了不失一般性，假设一个全局电网分解为上下两级电网，各级电网分别受上下两级控制中心（一个上级系统 M 和一个下级系统 S）控制，其中上级电网和下级电网之间的边界节点集合组成上下级边界集 B，并定义上下级电网边界的每个联络设备（上下级联络线或联络变）为一个关口，关口有关口电压（上下级边界母线的电压）以及关口无功功率（上下级联络线或联络变的无功功率）两个运行状态属性。

在定义了上下级边界集 B 之后，原全局电网静态优化模型中的状态变量、控制变量、运行约束空间、关口约束和映射分裂等可随之解耦。

1）状态变量空间解耦：根据状态变量所在节点的归属，将状态变量分解为上级状态变量 x^M、下级状态变量 x^S 和关口状态变量 x^B 三种，即

$$\boldsymbol{x} = \left[x^M, x^S, x^B \right] \qquad (2-82)$$

2）控制变量空间解耦：根据控制设备的归属，将控制变量分解为上级控制变量 u^M 和下级控制变量 u^S，即

$$\boldsymbol{u} = \left[u^M, u^S \right] \qquad (2-83)$$

3）运行约束空间解耦：由于上下级电网通过关口节点间接发生联系，因此原问题的运行约束将分解为上级运行约束和下级运行约束两种。

上级运行约束变量包括 x^M、x^B 和 u^M，即

$$\left. \begin{array}{l} h^M(x^M, x^B, u^M) = 0 \\ g^M(x^M, x^B, u^M) \leqslant 0 \end{array} \right\} \qquad (2-84)$$

下级运行约束变量包括 x^S、x^B 和 u^S，即

$$\left.\begin{array}{l} h^{S}(x^{S}, x^{B}, u^{S}) = 0 \\ g^{S}(x^{S}, x^{B}, u^{S}) \leqslant 0 \end{array}\right\} \qquad (2-85)$$

4）关口约束和映射分裂：对于上下级关口，关口等式约束为

$$h^{B}(x^{M}, x^{B}, x^{S}) = 0 \qquad (2-86)$$

借助映射分裂思想，假设映射 h^{B} 可被分裂为

$$h^{B}(x^{M}, x^{B}, x^{S}) = h_{M}^{B}(x^{M}, x^{B}) - h_{S}^{B}(x^{B}, x^{S}) = 0 \qquad (2-87)$$

再引入映射分裂迭代中间变量 y^{B}，计算式为

$$y^{B} = h_{S}^{B}(x^{B}, x^{S}) \qquad (2-88)$$

则关口等式约束可分解为

$$h_{M}^{B}(x^{M}, x^{B}) = y^{B}$$
$$y^{B} = h_{S}^{B}(x^{B}, x^{S}) \qquad (2-89)$$

y^{B} 又称为关口依从变量。对于电压优化问题，若选择关口电压为 x^{B}，则 y^{B} 对应于关口无功功率。

2．协调变量

上下级电网之间的影响通过关口状态变量 x^{B} 和关口依从变量 y^{B} 所体现，统称为协调变量 z，即

$$z = [x^{B}, y^{B}] \qquad (2-90)$$

根据上下级电网的物理特性，关口状态变量 x^{B} 很大程度上受上级电网运行方式的影响，称为上级协调变量；关口依从变量 y^{B} 很大程度上受下级电网运行方式的影响，称为下级协调变量。

协调变量 z 在多级控制中心电压协调优化控制中起到的作用如下：

（1）从物理问题角度，由协调变量的定义可知，各级电网通过协调变量 z 相联系，协调变量 z 的实时状态由各级电网的运行状态共同决定；若各级电网间不存在协调变量，则各级电网将变成互不相关的独立电网，也就没有协调的必要。

（2）从协调目的角度，消除控制中心间的不协调现象是多级控制中心电压协调优化控制的根本目的。这种不协调现象首先反应为协调变量运行状态的不协调，因此多级控制中心电压协调优化控制也可以看做是对协调变量的协调。

3．协调约束

（1）运行需求双向协调约束。对于下级系统 S，上级系统 M 通过关口状态变量 x^{B} 影响其运行状态，各下级系统 S 的状态变量 x^{S} 由下级系统的控制变量 u^{S} 和关口状态变量 x^{B} 共同决定。其表达式为

$$x^{S} \in \Psi_{R}^{S}(x^{B}) = \begin{cases} y^{B} = h_{S}^{B}(x^{B}, x^{S}) \\ h^{S}(x^{S}, x^{B}, u^{S}) = 0 \\ g^{S}(x^{S}, x^{B}, u^{S}) \leqslant 0 \end{cases} \qquad (2-91)$$

可见，对于下级系统 S，约束条件 $x^S \in \Psi_R^S(x^B)$ 是协调问题的关键，其物理含义是：在进行协调优化时，下级系统 S 的可行域将压缩上级系统的寻优空间，上级系统在优化过程中，需要在满足自身可行域的前提下，兼顾下级系统的需求。

$x^S \in \Psi_R^S(x^B)$ 计算复杂度较大，如果能够将其转化为简单的不等式约束，那么整个问题将简化。基于这样的思路，提出了运行需求协调约束的概念，通过引入运行需求协调约束，将一个复杂的问题简化为一系列简单不等式约束。

由 $x^S \in \Psi_R^S(x^B)$ 得到的协调约束称为下级运行需求协调约束，即

$$\left.\begin{array}{l} y^B = h_S^B(x^B, x^S) \\ h^S(x^S, x^B, u^S) = 0 \\ g^S(x^S, x^B, u^S) \leqslant 0 \end{array}\right\} \Rightarrow x_{R,\min}^B \leqslant x^B \leqslant x_{R,\max}^B \qquad (2-92)$$

下标 R 代表了运行需求。

下级运行需求协调约束是下级系统 S 根据自身的当前状态和运行约束，对关口状态变量 x^B 提出的期望约束范围，其目的是如果 x^B 在此范围内，则可保证下级优化子问题有解，即 $x^S \in \Psi_R^S(x^B)$ 不为空。

类似地，可得到上级运行需求约束条件为

$$x^M \in \Psi_R^M(y^B) = \begin{cases} h_M^B(x^M, x^B) = y^B \\ h^M(x^M, x^B, u^M) = 0 \\ g^M(x^M, x^B, u^M) \leqslant 0 \end{cases} \qquad (2-93)$$

由 $x^M \in \Psi_R^M(y^B)$ 得到的协调约束称为上级运行需求约束，其表达式为

$$\left.\begin{array}{l} y^B = h_M^B(x^M, x^B) \\ h^M(x^M, x^B, u^M) = 0 \\ g^M(x^M, x^B, u^M) \leqslant 0 \end{array}\right\} \Rightarrow y_{R,\min}^B \leqslant y^B \leqslant y_{R,\max}^B \qquad (2-94)$$

上级运行需求协调约束是上级系统根据自身的当前状态和运行约束，对关口依从变量 y^B 提出的期望约束范围，其目的是如果 y^B 在此范围内，则可保证上级优化子问题有解，即 $x^M \in \Psi_R^M(y^B)$ 不为空。

（2）调节能力双向协调约束。对于下级系统 S，若固定关口状态变量 x^B，则各下级系统的状态变量 x^S 和关口依从变量 y^B 由下级控制变量 u^S 决定。其表达式为

$$y^B \in \Psi_A^S(u^B) = \begin{cases} y^B = h_S^B(x^B, x^S) \\ h^S(x^S, x^B, u^S) = 0 \\ g^S(x^S, x^B, u^S) \leqslant 0 \end{cases} \qquad (2-95)$$

可见，对于下级系统，约束条件族 $y^B \in \Psi_A^S(u^B)$ 的物理含义是：在进行协调优化时，下级电网运行状态的变化将影响关口依从变量 y^B 的变化，使用关口依从变量 y^B 来描述下级调节能力约束。

将 $y^B \in \Psi_A^S(u^B)$ 转化为简单不等式约束，由 $y^B \in \Psi_A^S(u^S)$ 得到的协调约束称为

下级调节能力协调约束，其表达式为

$$
\left.\begin{aligned}
y^{\mathrm{B}} &= h_{\mathrm{S}}^{\mathrm{B}}(x^{\mathrm{B}}, x^{\mathrm{S}}) \\
h^{\mathrm{S}}(x^{\mathrm{S}}, x^{\mathrm{B}}, u^{\mathrm{S}}) &= 0 \\
g^{\mathrm{S}}(x^{\mathrm{S}}, x^{\mathrm{B}}, u^{\mathrm{S}}) &\leqslant 0
\end{aligned}\right\} \Rightarrow y_{\mathrm{A,min}}^{\mathrm{B}} \leqslant y^{\mathrm{B}} \leqslant y_{\mathrm{A,max}}^{\mathrm{B}} \tag{2-96}
$$

下标 A 代表了调节能力。

下级调节能力协调约束是下级系统 S 根据自身的当前状态和运行约束，对关口依从变量 y^{B} 提出的可调范围。

相应地，对于上级系统，得到上级调节能力约束条件为

$$
x^{\mathrm{B}} \in \boldsymbol{\Psi}_{\mathrm{A}}^{\mathrm{M}}(u^{\mathrm{M}}) =
\begin{cases}
h_{\mathrm{M}}^{\mathrm{B}}(x^{\mathrm{M}}, x^{\mathrm{B}}, y^{\mathrm{B}}) = 0 \\
h^{\mathrm{M}}(x^{\mathrm{M}}, x^{\mathrm{B}}, u^{\mathrm{M}}) = 0 \\
g^{\mathrm{M}}(x^{\mathrm{M}}, x^{\mathrm{B}}, u^{\mathrm{M}}) \leqslant 0
\end{cases} \tag{2-97}
$$

由 $x^{\mathrm{B}} \in \boldsymbol{\Psi}_{\mathrm{A}}^{\mathrm{M}}(u^{\mathrm{M}})$ 得到的协调约束称为上级调节能力协调约束，其表达式为

$$
\left.\begin{aligned}
h_{\mathrm{M}}^{\mathrm{B}}(x^{\mathrm{M}}, x^{\mathrm{B}}, y^{\mathrm{B}}) &= 0 \\
h^{\mathrm{M}}(x^{\mathrm{M}}, x^{\mathrm{B}}, u^{\mathrm{M}}) &= 0 \\
g^{\mathrm{M}}(x^{\mathrm{M}}, x^{\mathrm{B}}, u^{\mathrm{M}}) &\leqslant 0
\end{aligned}\right\} \Rightarrow x_{\mathrm{A,min}}^{\mathrm{B}} \leqslant x^{\mathrm{B}} \leqslant x_{\mathrm{A,max}}^{\mathrm{B}} \tag{2-98}
$$

上级调节能力协调约束是上级系统根据自身的当前状态和运行约束，对关口状态变量 x^{B} 提出的可调范围。

2.3.4.2 弱耦合的多级控制中心协调优化控制研究

1. 弱耦合特点说明

在弱耦合应用场合（典型如省地协调电压控制），上下级电网间的关系有以下特点：①一般不存在电磁环网，即下级电网为辐射网运行，关口节点为下级电网的根节点；②关口电压解耦运行，上级电网运行状态的变化只影响关口状态变量（关口电压），并影响下级电网的整体电压水平，而下级电网运行状态的变化只影响关口依从变量（关口无功功率），并影响上级电网的无功功率分布；③如果下级电网的控制手段以离散设备为主，在协调优化控制过程中，需要兼顾离散控制设备与连续控制设备的协调。

结合电网的弱耦合特性，以省地协调系统为例，研究适用于弱耦合应用场合的多级控制中心电压协调优化控制方法。在研究过程中，需重点关注以下问题：

（1）省地协调电压控制的弱耦合特性分析。

（2）省地协调中的协调约束生成方法。

（3）省地协调中的协调策略的生成方法。

（4）省地协调中的协调策略的执行方法。

2. 省地协调电压控制弱耦合特性分析

（1）省地协调特点分析。从控制对象、网架结构、电网建模、控制手段、控制目

标等 5 个方面分析省地协调电压控制的特点。

1) 在控制对象方面，省调的控制对象为省内 220kV 电网，地调的控制对象为地区内 110kV 及以下电网，因此省地协调控制本质上为 220kV/110kV 电网之间的协调优化控制。

2) 在网架结构方面，省调 220kV 电网为环网运行，地调 110kV 及以下电网为辐射网运行。因此，省地之间一般不存在 220kV/110kV 的电磁环网。

3) 在电网建模方面，具有信息局部性特点。由于地调辐射状电网节点多、电压等级低，在省调侧一般不关心其内部细节，省调侧系统不必要也不可能进行过于详细的建模，比较常见的省调电网模型一般详细到 220kV 变电站，并在 220kV 主变关口处将 110kV 及以下电网等值为负荷；同理，地调侧也无法获知省调 220kV 电网的详细结构，一般只建立与辐射电网关系密切的几个 220kV 变电站详细模型，而其他的 220kV 电网将做必要等值。

4) 在控制手段方面，需要考虑省调连续变量和地调离散变量的协调配合。省调无功功率调节手段主要是接入省内 220kV 电网的发电机，以连续调节设备为主；地调无功功率调节手段主要是 220kV 和 110kV 变电站内的容抗器和分接头，以离散调节设备为主。

5) 在控制目标方面，存在省调和地调不同控制目标的协调问题。从安全角度考虑，由于地网一般没有可控发电机，其电压水平由省网运行方式决定，因此省网的电压安全水平将决定地网的电压安全水平；从质量角度考虑，由于地调更接近用户侧，对电网的电压质量要求更高；从经济性角度考虑，由于地调一般为辐射网运行，其经济性要求可简化为对无功功率分层平衡就地补偿目标的追求。

(2) 耦合关系定性分析。

1) 在关口无功功率方面，由于地调一般为辐射网络运行，省地关口无功功率变化的原因可分为以下方面：①地调末端无功负荷变化；②地调容抗器动作；③由于电压变化，导致地调容抗器无功功率变化；④由于电压变化及负荷静特性作用，导致地调无功负荷变化；⑤由于有功、无功负荷变化，容抗器动作，或者电压变化，使得潮流在地调电网传输过程中引起的无功损耗变化。其中方式①、②的影响最大、最直接；当电压变化较大时（比如在电压崩溃过程中），方式③、④的影响较大；当电压发生小范围变化时，方式③、④的影响很小；方式⑤的影响最小，只有当地调辐射网络电压分布发生变化时，方式⑤的作用才能较明显地体现出来。省调 AVC 系统对电压的调节主要通过方式③、④对地调关口无功功率造成影响。而在正常情况下，省调 AVC 系统对电压的调节属于一种小范围的电压调节。因此对关口无功功率影响很小。

2) 在关口电压角度方面，从省地关口向省网看过去的电网可以看作等值戴维南电路，其内阻抗与地调主变阻抗相比要小得多，关口电压更易受省调电厂母线电压的影响，若关口附近有电厂并且参与 AVC，则该电厂高压母线相当于 PV 节点，受此 PV 节点影响，关口电压波动相对较小。

综上所述，对于省调而言，关口无功功率主要受地调运行状态影响，属于不可控量，当省调 220kV 网络的无功功率流动不合理时，需要地调调节来改善 220kV 网络的无功功率流动；对于地调来说，关口电压主要受省调运行状态影响，属于不可控量，当地调电压普遍过高（低）时，需要省调降低（升高）关口电压来保证地调的电压质量。

（3）省地协调中协调约束的生成。采用关口无功功率和关口电压来描述省地双方的协调约束，提出省地两侧生成协调约束的模型和方法。最后通过仿真算例说明效果。

3. 协调变量的选择

选择关口电压 U^B 来描述关口状态变量 x^B，选择关口无功功率 Q^B 来描述关口依从变量 y^B，即

$$\left.\begin{array}{l} z = \left[U^B, Q^B \right] \\ x^B = U^B \\ y^B = Q^B \end{array}\right\} \quad (2-99)$$

（1）省调侧协调约束的生成。省调控制范围一般为省内 220kV 电网，控制手段以接入 220kV 电网的发电机为主，AVC 的在线自适应分区模块对电网进行聚类分区，区内电网紧密联系，区间电网弱耦合。考虑到电压问题的区域性，采用在线自适应分区结果，以控制软分区为计算单元，使用准稳态灵敏度生成省调各关口的调节能力约束和运行需求约束。

省调侧以在线自适应分区结果为单位进行协调约束的计算，图 2-37 为相应的物理模型。

U_G^M、U^B、U_P^M、U_C^M 分别代表了发电厂高压母线、关口母线、中枢母线及其他重要监视母线的电压变量，统称 U^M，使用 U_{min}^M、U_{max}^M 描述电压下限和上限，并使用 ΔU^M 来描述电压的变化量。

Q_G^M、Q^B 分别代表了各控制发电机组和关口的无功功率变量，统称 Q^M，使用 Q_{min}^M、Q_{max}^M 描述无功功率下限和上限，并使用 ΔQ_G^M、ΔQ^B 来分别描述分区内控制发电机及关口无功功率的调节量。

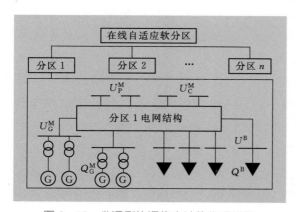

图 2-37　省调侧协调约束计算物理模型

符号 C^M 用来描述省调侧无功功

率变量对母线电压变量的灵敏度，同时用下标来区别机组无功功率或关口无功功率对不同类型的母线电压灵敏度，比如 C_{BG}^M 代表了发电机无功功率对关口母线电压的灵敏度矩阵。

每个控制分区内的旋转无功功率裕度可以描述为变量 Q_G^M 的函数 $g(Q_G^M)$，使用 G_{min}^M、G_{max}^M 来描述无功功率裕度下限和上限变量。

在协调约束的计算过程中，除了考虑协调变量自身的运行约束外，还需要考虑其他运行约束，包括：

1）母线电压运行约束。

$$U_{min}^M \leqslant U^M + \Delta U^M \leqslant U_{max}^M \qquad (2-100)$$

其中

$$\Delta U^M = C_B^M \Delta Q^B + C_G^M \Delta Q_G^M \qquad (2-101)$$

2）机组无功功率运行约束。

$$Q_{G,min}^M \leqslant Q_G^M + \Delta Q_G^M \leqslant Q_{G,max}^M \qquad (2-102)$$

3）分区无功裕度运行约束。

$$G_{min}^M \leqslant g(Q_G^M + \Delta Q_G^M) \leqslant G_{max}^M \qquad (2-103)$$

4）关口无功功率运行约束。

$$Q_{min}^B \leqslant Q^B + \Delta Q^B \leqslant Q_{max}^B \qquad (2-104)$$

（2）生成省调的调节能力约束。省调调节能力约束上限定义为在满足安全运行约束的条件下，通过省调控制发电机的调节，使得关口电压向上的最大可调量。该优化问题的目标函数为

$$\min_{\Delta Q_G^M} \| U^B + C_{BG}^M \Delta Q_G^M - U_{max}^B \| \qquad (2-105)$$

式中　U_{max}^B——关口电压的运行上限（人工给定）。

在优化过程中需要考虑式（2-105）给出的约束条件，并且在计算省调的调节能力约束时，只需要考虑省调发电机的调节作用，因此运行约束条件可以简化为

$$\Delta U^M = C_G^M \Delta Q_G^M \qquad (2-106)$$

类似地，可以计算出省调的调节能力约束下限为

$$\min_{\Delta Q_G^M} \| U^B + C_{BG}^M \Delta Q_G^M - U_{min}^B \| \qquad (2-107)$$

式中　U_{min}^B——关口电压运行下限（人工给定）。

（3）生成省调的运行需求约束。省调运行需求约束上限定义为在满足安全运行约束条件下，通过对省调控制发电机以及关口无功功率的调节，使得关口无功功率向上的最大可调量。该优化问题的目标函数为

$$\min_{\Delta Q_G^M, \Delta Q^B} \| Q^B + \Delta Q^B - Q_{max}^B \| \qquad (2-108)$$

式中　Q_{max}^B——关口无功功率运行上限（人工给定）。

在优化过程中需要考虑式（2-108）给出的约束条件。其中，在计算省调的调节能力约束时，同时考虑省调发电机和关口无功功率的调节作用，不可简化。

将极大化目标函数修改为极小化的目标函数，则可以类似地计算出省调运行需求约束下限为

$$\min_{\Delta Q_G^M,\, \Delta Q^B} \| Q^B + \Delta Q^B - Q_{\min}^B \| \tag{2-109}$$

式中 $Q_{\min}^B$——关口无功功率运行下限（人工给定）。

可见，省调进行协调约束计算的数学模型为二次规划模型，可采用起作用约束集法求解。

（4）地调侧协调约束的生成。地调侧控制对象一般为110kV及以下辐射电网，控制手段以110kV及以下的变电站离散调节设备（如电容电抗器、有载调压分接头等）为主，但从国内调度分工上，一般220kV变电站的低压侧电容电抗器也由地调控制。地调侧需要依据电网运行状态进行在线拓扑搜索，得到由各关口及其向下辐射电网构成的一个拓扑分区，作为协调控制的计算单元，并计算出地调侧各关口的调节能力约束和运行需求约束。

图2-38为地调侧协调约束物理模型。

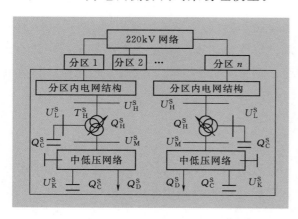

图2-38 地调侧协调约束计算物理模型

U_H^S、U_M^S、U_L^S、U_K^S 分别代表了地调关口主变高、中、低三侧母线以及其他监视母线的电压变量，统一称之为 U^S，使用 $U_{\min}^S$、$U_{\max}^S$ 描述其电压下限和上限，并使用 ΔU^S 来描述电压的变化量。Q_H^S、Q_M^S、Q_L^S 分别代表了地调关口主变高、中、低三侧绕组的无功功率变量。

Q_C^S、T_H^S 代表了地调容抗器的无功功率变量以及分接头挡位变量，使用 ΔQ_C^S、ΔT_H^S 来分别描述拓扑分区内容抗器及分接头的动作。使用 f_C^S、f_T^S 来分别描述容抗器及分接头本身是否具备动作条件（考虑是否可调、是否闭锁、最大动作次数、动作最小持续时间等因素）。

使用符号 C^S、C^{SQ} 来分别描述地调控制变量对母线电压及设备无功功率的灵敏度，并使用下标来区别不同类型控制变量对不同类型状态变量的灵敏度，比如 C_{BC}^S 代表了容抗器无功功率对关口母线电压的灵敏度矩阵。

与省调相关计算类似，在地调侧协调约束的计算过程中，除了考虑协调变量自身的运行约束外，同样需要考虑其他相关的变量运行约束，包括：

1）母线电压运行约束。

$$U^{\mathrm{S}}_{\min} \leqslant U^{\mathrm{S}} + \Delta U^{\mathrm{S}} \leqslant U^{\mathrm{S}}_{\max} \tag{2-110}$$

其中

$$\Delta U^{\mathrm{S}} = C^{\mathrm{S}}_{\mathrm{B}} \Delta U^{\mathrm{B}} + C^{\mathrm{S}}_{\mathrm{C}} \Delta Q^{\mathrm{S}}_{\mathrm{C}} + C^{\mathrm{S}}_{\mathrm{T}} \Delta T^{\mathrm{S}}_{\mathrm{H}} \tag{2-111}$$

2）关口无功功率运行约束。

$$Q^{\mathrm{B}}_{\min} \leqslant Q^{\mathrm{B}} + \Delta Q^{\mathrm{B}} \leqslant Q^{\mathrm{B}}_{\max} \tag{2-112}$$

其中

$$\Delta Q^{\mathrm{B}} = C^{\mathrm{SQ}}_{\mathrm{BC}} \Delta Q^{\mathrm{S}}_{\mathrm{C}} \tag{2-113}$$

3）容抗器动作能力约束。

$$f^{\mathrm{S}}_{\mathrm{C}}(\Delta Q^{\mathrm{S}}_{\mathrm{C}}) > 0 \tag{2-114}$$

4）分接头动作能力约束。

$$f^{\mathrm{S}}_{\mathrm{H}}(\Delta T^{\mathrm{S}}_{\mathrm{H}}) > 0 \tag{2-115}$$

5）生成地调的调节能力约束。

地调调节能力约束上限可定义为在满足运行约束的条件下，通过地调自身控制设备的调节，使得关口无功功率向上的最大可调量。该优化问题的目标函数为

$$\min_{\Delta Q^{\mathrm{M}}_{\mathrm{C}}, \Delta T^{\mathrm{S}}_{\mathrm{H}}} \| Q^{\mathrm{B}} + \Delta Q^{\mathrm{B}} - Q^{\mathrm{B}}_{\max} \| \tag{2-116}$$

式中　$Q^{\mathrm{B}}_{\max}$——关口无功功率运行上限。

在优化过程中需要考虑上述约束条件。其中在计算省调的调节能力时，只考虑地调的调节作用，因此 $\Delta U^{\mathrm{B}} = 0$，据此，电压约束条件中可以简化为

$$\Delta U^{\mathrm{S}} = C^{\mathrm{S}}_{\mathrm{C}} \Delta Q^{\mathrm{S}}_{\mathrm{C}} + C^{\mathrm{S}}_{\mathrm{T}} \Delta T^{\mathrm{S}}_{\mathrm{T}} \tag{2-117}$$

同理，可以计算出地调调节能力约束下限为

$$\min_{\Delta Q^{\mathrm{M}}_{\mathrm{C}}, \Delta T^{\mathrm{S}}_{\mathrm{H}}} \| Q^{\mathrm{B}} + \Delta Q^{\mathrm{B}} - Q^{\mathrm{B}}_{\min} \| \tag{2-118}$$

式中　$Q^{\mathrm{B}}_{\min}$——关口无功功率运行下限。

地调的调节能力生成模型是 0—1 规划模型，可以采用常规的 0—1 规划算法（如分支定界法等）求解，也可采用启发式算法求解。

（5）生成地调的运行需求约束。地调运行需求约束上限定义为在满足安全运行约束的条件下，通过对地调自身控制设备以及关口电压的调节，使得协调关口电压向上的最大可调量。该优化问题的目标函数为

$$\min_{\Delta Q^{\mathrm{S}}_{\mathrm{C}}, \Delta Q^{\mathrm{S}}_{\mathrm{T}}, \Delta U^{\mathrm{B}}} \| U^{\mathrm{B}} + \Delta U^{\mathrm{B}} - U^{\mathrm{B}}_{\max} \| \tag{2-119}$$

式中　$U^{\mathrm{B}}_{\max}$——关口电压运行上限（人工给定）。

在优化过程中需要考虑上述约束条件。

上述优化问题中，既包含连续控制变量 ΔU^{B}，也包含离散控制变量 $\Delta Q^{\mathrm{S}}_{\mathrm{C}}$、$\Delta T^{\mathrm{S}}_{\mathrm{H}}$，属于混合 0—1 规划问题，已经有较成熟的求解算法，本节采用分支定界法来进行求解。

同样，可以计算出地调运行需求约束下限为

$$\min_{\Delta Q_{\mathrm{C}}^{\mathrm{B}},\Delta Q_{\mathrm{T}}^{\mathrm{S}},\Delta U^{\mathrm{B}}} \| U^{\mathrm{B}}+\Delta U^{\mathrm{B}}-U_{\min}^{\mathrm{B}} \| \tag{2-120}$$

式中　$U_{\min}^{\mathrm{B}}$——关口电压运行下限（人工给定）。

4. 省地协调中协调策略的产生

建设在省调侧的协调器基于省调已有的电网模型，利用省、地双方提供的协调约束（包括调节能力约束和运行需求约束）进行协调决策，并将协调策略发送至省地 AVC 系统供其使用。

（1）关口协调状态转移图。省地协调控制的目的是实现省地电网间合理的资源利用和互相支持，消除省地间的不协调现象，而省地关口运行状态直接反映了省地协调状态。为表征省地关口的运行状态，提出了关口协调状态转移图的概念，并以此来回答以下问题：①当前省地关口是否运行于正常合理的协调状态？②若不协调，谁的原因导致不协调？③如何控制才能使得关口回到正常合理的协调状态？

针对每一个省地关口，以关口无功功率和关口电压为坐标轴建立无功功率-电压状态平面，通过省地各自提供的需求约束对状态平面进行划分，建立关口协调状态转移图，如图 2-39 所示。

整个平面被划分为 9 个分区，其中若当前关口状态坐标位于第 9 区（定义为优化协调区）代表了当前省地的运行需求均被满足，处于正常合理的运行状态；若当前关口状态坐标位于第 2、第 6 区（定义为地调动作区），说明了当前关口无功功率不满足省调的运行需求，需要地调进行无功功率调节来帮助省调；相应地，若当前关口状态坐标位于第 4、第 8 区（定义为省调动作区），说明了当前关口电压不满足地调的运行需求，需要省调进行电压调节来帮助地调；若当前关口状态坐标位于第 1、第 3、第 5、第 7 区（省地联合动作区），说明了当前关口运行状态同时不满足双方的运行需求，需要省地调共同调节。

在关口协调状态图转移中，除了通过运行需求对无功功率-电压状态平面进行划分外，还包括关口各运行状态间可能的转移轨迹，如图 2-39 所示。其中，空心箭头代表了关口状态在两个非协调状态间的转移；实心箭头代表了关口状态由不协调状态转移到协调状态。而在实际运行中，关口运行状态是否可以转移以及如何转移是由省地的调节能力所决定。

从转移轨迹上可以看出，不论初始状态如何，总是尽量通过协调控制使得关口状态向优化协调区进行转移，并最终保持在优化协调区。

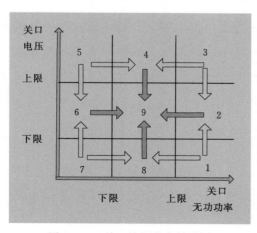

图 2-39　关口协调状态转移图

（2）优化层协调优化策略的产生。基于考虑运行需求约束的分布协调优化简化模型，给出省地协调优化层的协调优化策略计算模型。

协调器利用省调现有的电网模型，通过优化计算，得到全网的母线电压优化分布结果，其计算结果满足地调给出的电压需求约束，模型为

$$
\left.
\begin{aligned}
&\min_{u^{M}} f^{M}(U^{M}, U^{B}, u^{M}) \\
&\text{s. t. } (U^{M}, U^{B}) \in \Omega^{M} \\
&h_{M}^{B}(U^{M}, U^{B}) = Q^{B} \\
&U_{R,\min}^{B} \leqslant U^{B} \leqslant U_{R,\max}^{B}
\end{aligned}
\right\}
\qquad (2-121)
$$

该模型的物理含义如下：

1）在优化过程中，考虑地调提出的关口电压运行需求约束，保证协调器给出的优化结果满足省地两级电网的运行需求，体现了省调对地调的协调：一方面保证不会由于省调的调节使得地调出现大面积电压越限现象；另一方面当地调出现大面积电压不合格现象并且本身调节能力不足时，省调可帮助地调进行电压调节来保证地调的电压质量。

2）在优化过程中，忽略地区电网的调节能力对省网的调节作用（即认为关口无功功率 Q^{B} 为不可调变量），这么做的原因是：Q^{B} 由地调的运行方式决定，地调的调节资源一般为电容电抗器等离散设备，受离散设备动作次数和动作持续时间所限，地调的可控资源应优先用于保证本地区的电压质量和本地无功功率平衡，而不应当参与省网的无功优化。

（3）控制层协调控制策略的产生。在分钟级协调控制层面，基于双向协调约束，对省地的运行状态进行协调，使得关口保持"正常合理的运行状态"。

由于省地关口电压的解耦特性，对协调控制决策模型进行如下简化：

1）忽略关口无功功率变化对关口电压的影响，即 $S_{XY} \approx 0$。

2）忽略关口电压变化对关口无功功率的影响，即 $S_{YX} \approx 0$。

在此基础上，原协调控制决策模型可解耦为包括针对地调的协调无功功率控制和针对省调的协调电压控制两个子模型。

（4）针对地调的无功功率协调。在针对地调的无功功率协调过程中，需要保证给出的无功功率协调策略满足如下条件：

1）可行性。无功功率协调策略满足地调的调节能力约束。

2）互动协调。实现在省调有需求时地调帮助省调进行调节。

3）经济性。实现电网无功功率的分层平衡。

基于以上分析，针对地调的无功功率协调控制计算过程可做如下描述：在满足地调调节能力和省调运行需求条件下，通过地调关口的无功功率调节，尽量保证关口追

随其最优设定值 $\hat{Q}^{B}$。该优化问题的目标函数为

$$\min_{\Delta Q^{B}} \parallel Q^{B} + \Delta Q^{B} - \hat{Q}^{B} \parallel \tag{2-122}$$

在优化计算过程中需要考虑的协调约束包括：

1）地调调节能力约束，即

$$Q^{B}_{A,\min} \leqslant Q^{B} + \Delta Q^{B} \leqslant Q^{B}_{A,\max} \tag{2-123}$$

2）省调无功功率需求约束，即

$$Q^{B}_{R,\min} \leqslant Q^{B} + \Delta Q^{B} \leqslant Q^{B}_{R,\max} \tag{2-124}$$

（5）针对省调的电压协调。在针对省调的电压协调过程中，需要保证给出的电压协调策略满足如下条件：

1）可行性。电压协调策略满足省调的调节能力约束。

2）互动协调。实现地调有需求时省调帮助地调进行调节。

3）经济性。实现 220kV 电网电压追随优化层给出优化电压分布。

基于以上分析，针对省调的电压协调控制计算过程可以做如下描述：在满足省调运行约束和地调运行需求的条件下，通过省调发电机的无功功率调节，尽量保证关口节点电压追随其优化设定值。该优化问题的目标函数为

$$\min_{\Delta Q_{G}} \parallel U^{B} + S_{UQ} \Delta Q_{G} - \hat{U}^{B} \parallel \tag{2-125}$$

即为控制后关口电压与电压优化设定值偏差最小作为优化目标。在优化计算过程中需要考虑的协调约束包括：

1）省调调节能力约束，即

$$\Delta U^{B}_{A,\min} \leqslant U^{B} + S_{UQ} \Delta Q_{G} \leqslant \Delta U^{B}_{A,\max} \tag{2-126}$$

2）地调电压需求运行约束，即

$$\Delta U^{B}_{R,\min} \leqslant U^{B} + S_{UQ} \Delta Q_{G} \leqslant \Delta U^{B}_{R,\max} \tag{2-127}$$

3）省调节点电压（表示为 U^{M}）约束，即

$$U^{M}_{\min} \leqslant U^{M} + S_{UQ} \Delta Q_{G} \leqslant U^{M}_{\max} \tag{2-128}$$

该优化问题是一个二次规划问题，采用起作用集法求解。

在得到了省调发电机无功功率调节量 $\Delta\hat{Q}_{G}$ 后，需要进一步转化为电压协调策略，即

$$\Delta \hat{U}^{B} = S^{B}_{UQ} \Delta \hat{Q}_{G} \tag{2-129}$$

式中 S^{B}_{UQ}——发电机无功功率对关口电压的灵敏度。

（6）协调控制策略的产生。由于地调控制手段一般以离散设备为主，为体现离散分挡控制的概念，减少离散设备的动作次数，使用增加、减少、禁增、禁减、保持五种策略状态来定性描述协调控制策略。

1）增加、减少策略表示当前处于不协调状态，需要通过控制来消除这种不协调。

2）保持策略表示当前已经处于协调状态，需要保持该状态。

3）禁增、禁减策略表示当前处于协调状态与不协调状态的边界，需要一个单方向的禁止控制来避免系统由协调状态进入不协调状态。

可见，定性描述后的控制策略实质上给出了协调控制的调节方向，即省地各级AVC系统应该向哪个方向动作才能消除或避免不协调状态。在实际应用中，发送给地调的无功功率控制策略可以使用定性描述后的协调策略（关口无功功率约束或关口功率因数约束）来代替关口无功功率设定值，从而减少地调离散设备的动作次数。

5. 省地协调中协调策略的执行

省地调AVC系统负责响应省地协调器生成的协调控制策略。由于一般AVC系统建设在前，省地协调系统建设在后，因此需要对原有的AVC系统进行必要的功能扩展，来满足省地协调闭环运行的要求。

（1）省调侧执行协调策略。协调器送给省调的协调器优化策略表示为关口电压优化设定值，协调器控制策略表示为关口电压运行区间约束。

在三级电压优化层面，省调AVC系统可直接采用优化层计算出的优化结果作为优化目标输出，来替换原有的TVC（或者直接在省调AVC系统中进行计及地调电压需求约束的TVC计算）。

在二级电压控制层面，扩展现有的协调二级电压控制模型，来考虑响应协调控制策略。

基于协调控制约束与协调控制目标相结合的协调二级电压控制扩展方案，针对省调侧已有的二级电压控制模块，增加计及省地协调约束的协调二级电压控制模型，即

$$
\begin{aligned}
&\min_{\Delta u^{M}} W_{P}^{M} H_{P}^{M}(\Delta u^{M}) + W_{Q}^{M} H_{Q}^{M}(\Delta u^{M}) + \\
&W_{C}^{M}(\parallel U_{h}^{B} + S_{XU}^{M}\Delta u^{M} - U_{h,\max}^{B} + \varepsilon_{x} \parallel + \parallel U_{l}^{B} + S_{XU}^{M}\Delta u^{M} - U_{l,\min}^{B} - \varepsilon_{x} \parallel) \\
&\text{s. t. } G^{M}(\Delta u^{M}) \leqslant 0 \\
&U_{c,\min}^{B} < U_{c}^{B} + S_{XU}^{M}\Delta u^{M} < U_{c,\max}^{B} \\
&U_{h,\min}^{B} < U_{h}^{B} + S_{XU}^{M}\Delta u^{M} < U_{h,\max}^{B} + \varepsilon_{c} \\
&U_{l}^{B} - \varepsilon_{c} < U_{l}^{B} + S_{XU}^{M}\Delta u^{M} < U_{l,\max}^{B}
\end{aligned}
\right\} \qquad (2-130)
$$

式中　U_{c}^{B}——不越限的协调变量；

$\qquad U_{h}^{B}$——越上限的协调变量；

$\qquad U_{l}^{B}$——越下限的协调变量；

ε_{x}、ε_{c}——协调控制目标的控制死区和协调控制约束的松弛因子。

基于该扩展协调二级电压控制模型，在保证了算法收敛性的同时，达到了省调在其调节能力范围内尽量帮助地调进行调节的目的。

（2）地调侧执行协调策略。地调控制流程图如图 2-40 所示。图 2-40（a）为地调 AVC 系统独立控制流程图，地调 AVC 系统的控制目标一般首先保证电压合格，其次保证主变功率因数合格，最后实现经济性指标，其中主变功率因数约束一般离线制定，并人工定期（每季度或每月）更新。

地调 AVC 系统参与协调控制后，周期（分钟级）接收协调器生成的关口无功功率协调策略，并自动更新省地关口主变的功率因数约束，最终按照图 2-40（b）所示的控制流程完成地调 AVC 系统的互动协调控制。

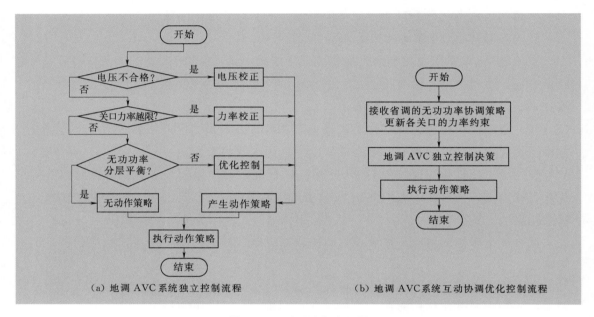

（a）地调 AVC 系统独立控制流程   （b）地调 AVC 系统互动协调优化控制流程

图 2-40 地调控制流程图

2.3.4.3 考虑清洁能源发电接入的电压省地协调控制

含清洁能源发电接入的地区电网典型结构如图 2-41 所示。

多个 110kV 清洁能源电站汇集接入同一个 220kV 变电站，在接入后，地区电网 AVC 重点实现地区电网自律控制和省地互动协调两大类功能。

1. 地区电网自律控制

在地区电网自律控制层面，地调 AVC 系统需要充分发挥 110kV 清洁能源电站和 220kV 汇集变电站的调节能力，在保证电压安全基础上，抑制清洁能源发电波动对地区电压的影响，减少电容电抗器等离散设备的动作次数。本节重点描述清洁能源电站参与地区电网 AVC 的技术方法。

通过在线拓扑自动生成 220kV 汇集变电站及其下所有可控清洁能源电站组成的控制单元，并选择汇集站中压侧母线作为中枢母线，构造计算模型为

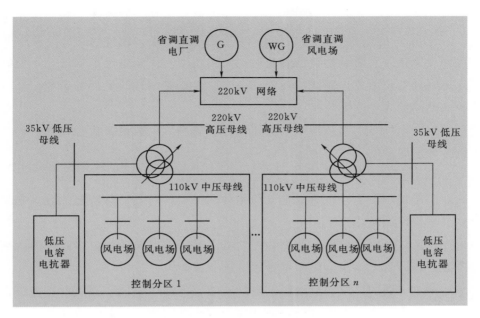

图 2-41　含清洁能源发电接入的地区电网典型结构

$$
\min_{\Delta Q_g^w}\{W_p\ \|\ U_m^{real}+C_{mw}\Delta Q_g^w-U_m^{real}\ \|^2+W_q\ \|\ \Theta_g^w\ \|^2\}
$$

$$
\text{s. t. } U_{m,min}\leqslant U_{m,real}+C_{mw}\Delta Q_g^w\leqslant U_{m,max}
$$

$$
U_{h,min}\leqslant U_{h,real}+C_{hw}\Delta Q_g^w\leqslant U_{h,max}
$$

$$
U_{l,min}\leqslant U_{l,real}+C_{lw}\Delta Q_g^w\leqslant U_{l,max} \tag{2-131}
$$

$$
U_{w,min}\leqslant U_{w,real}+C_{ww}\Delta Q_g^w\leqslant U_{w,max}
$$

$$
Q_{g,min}^w\leqslant Q_{g,real}^w+\Delta Q_g^w\leqslant Q_{g,max}^w
$$

式中　$Q_{g,real}^w$、ΔQ_g^w、$Q_{g,min}^w$、$Q_{g,max}^w$——清洁能源电站无功功率的实时无功功率、调节
量、实时上限、实时下限；

Θ_g^w——清洁能源电站无功功率均衡指标；

$U_{w,real}$、$U_{w,min}$、$U_{w,max}$——清洁能源电站并网点母线的实测电压、电压下
限和电压上限；

$U_{h,real}$、$U_{h,min}$、$U_{h,max}$——汇集站高压侧母线的实测电压、电压下限和电
压上限；

$U_{m,real}$、$U_{m,min}$、$U_{m,max}$——汇集站中压侧母线的实测电压、电压下限和电
压上限；

$U_{l,real}$、$U_{l,min}$、$U_{l,max}$——汇集站低压侧母线的实测电压、电压下限和电
压上限；

C_{ww}、C_{hw}、C_{mw}、C_{lw}——清洁能源电站无功功率对清洁能源电站并网点
以及汇集站高中低三侧母线的电压灵敏度。

其物理含义是：实时调整清洁能源电站无功功率，保证电网电压安全，使得中枢母线电压追踪其设定值，抑制清洁能源发电波动对汇集站母线电压的影响，同时兼顾清洁能源电站间的无功功率均衡。

地区电网变电站与清洁能源电站的协调控制遵循"离散设备优先动作，连续设备精细协调"的原则。

2. 省地互动协调

在省地协调控制层面，在原省地双向互动框架下，需要针对清洁能源发电接入特点进行如下适应性调整：

（1）在计算地区电网的调节能力和控制需求时，不但要考虑电容电抗器等离散设备的调节能力，还可考虑清洁能源电站的电压调节能力。

（2）地调对省调的协调。当地区电网清洁能源电站调节能力充足时，充分发挥其电压调节能力，支撑末端电网电压，降低由于省级电网清洁能源发电波动而导致地区电网电容电抗器等离散设备频繁动作的可能性。

（3）省调对地调的协调。当地区电网新能源电站电压调节能力不足时，需要发挥省调的调节能力，响应地调的控制需求，降低由于地区电网清洁能源发电波动而使得电容电抗器等离散设备频繁动作的可能性。

2.4　无功功率-电压控制系统研发与示范应用

2.4.1　系统框架设计与数据交互

为保证控制的稳定性和有效性，电压控制模式采用的是国内工程中已经广泛投入使用的基于在线软分区的三级电压控制模式。

EMS 系统采用 SOA 架构，因此整个 AVC 系统的框架设计基于服务总线和消息总线，基于 EMS 的 AVC 系统框架如图 2-42 所示，其功能模块主要如下：

（1）模型维护。维护各类计算所需要的各种模型，供策略计算、无功优化、电压稳定计算使用。

（2）实时监控。实时采集量测，进行策略计算，得到控制指令并下发，实现闭环控制，并将所有结果通过人机界面展示。

（3）电压稳定计算。对控制策略进行电压稳定校核，以及 PV 曲线计算、有关的裕度计算和故障扫描等。

（4）历史数据分析。周期性地对量测采集结果和生成的控制指令进行存储，为离

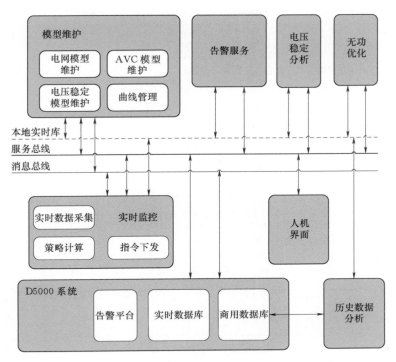

图 2-42　基于 EMS 的 AVC 系统框架

线分析提供依据。

（5）告警服务。实时将系统运行过程中的异常情况进行存储，供离线分析使用。

整体上，这几个模块之间的数据交互通过服务总线、消息总线、本地实时库完成，如图 2-42 所示。整个 AVC 系统的数据流如图 2-43 所示，AVC 系统从 EMS 系统获得各类所需数据，计算出控制指令通过 EMS 系统发送给直调电厂、变电站和上下级 AVC 系统，分别完成电压控制和协调电压控制，同时将运行信息和告警信息传送给 EMS 系统和历史数据库。

各模块之间所交互的数据，在交互形式、数据量、交互速度等方面的需求存在较大差异。要保证整个 AVC 系统正常运行，需要有电网模型数据、AVC 模型数据、实时量测数据、控制指令数据、人机界面数据、告警消息数据、历史数据和并行计算数据等几种类型的数据进行交互，其特点见表 2-13。

表 2-13　　　　　　　　　　　AVC 系统各类型数据交互特点

数据类型	特　点　描　述
电网模型数据	数据源来自 EMS 系统，数据源与对应的时标由 EMS 系统负责更新；数据量取决于电网的规模，交互频率很低，要求交互速度较快
AVC 模型数据	数据源来自 AVC 建模界面；数据量适中，交互频率很低；交互速度要求不高

续表

数据类型	特 点 描 述
实时量测数据	数据源来自 EMS 系统，要求秒级实时刷新；交互数据量适中，交互频率为约 30s 一次；交互要求较快速的完成，稳定性要求极高
控制指令数据	数据源来自 AVC 计算程序，数据量较小；交互频率适中，一般为每 6～15min 一次；交互要求极为快速完成，稳定性要求极高，不能阻塞
人机界面数据	AVC 系统与操作人员之间的交互，结果类的数据要求实时秒级刷新；参数配置类数据交互频率很低，要求较快速的完成，稳定性要求高
告警消息数据	由 AVC 系统的多个模块产生，不同级别的告警，向告警平台发送，数据量与交互频率不确定，要求实时刷新
历史数据	来自 AVC 系统，存进历史数据商用数据库；存储时周期为 1min，频率较高，数据量较大，要求快速完成；读取时数据量极大，交互频率较低，交互速度不限
并行计算数据	供计算节点进行并行计算使用，交互频率为分钟级，一般 6～15min 一次；数据量较大，要求较快完成交互；稳定性要求高；计算节点只能被动接收，且无法直接访问 D5000－EMS 平台；计算结果分散在各个计算节点，需要进一步整合

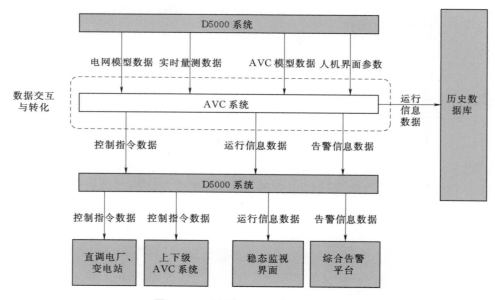

图 2－43　基于 EMS 的 AVC 数据流

　　所有数据只能通过 EMS 系统提供的数据交互方式来完成，共有消息总线、服务总线、实时库 API、商用库 API、历史库 API、文件方式和告警平台 API 几种，其特点见表 2－14。在原理上，实时库 API、商用库 API 的交互方式也是通过服务总线实现的，但其格式是 EMS 系统规范化的数据表格式，数据结构固定，而不像一般服务总线交互那样需要交互双方约定数格式，因此将实时库 API、商用库 API 都单独作为一种交互方式。历史库 API 的方式为直接和商用库数据库进行交互。

表 2 - 14 EMS 系统的数据交互方式及其特点

数据交互方式	特 点 描 述
消息总线	广播式，适用于数据量小，频率不高，速度很快的交互；需要约定格式
服务总线	适用于数据量稍大，频率较低，速度稍慢的交互类型；需要约定格式
实时库 API、商用库 API	适用于数据量较大，频率较低，单次交互速度较快，结构相对固定的数据交互类型
历史库 API	适用于数据量极大，时限较短，结构相对固定的数据交互类型
文件方式	适用于数据量较大，速度慢，实时性要求较低，规范化格式的交互类型
告警平台 API	专用于告警消息类型的数据，可实现实时刷新

不同类型的数据交互，应当根据该类型数据交互的特点进行分析，从 EMS 系统提供的交互方式中选择最为恰当的方式，以保证 AVC 系统运行的稳定性和鲁棒性。

EMS 系统上的 AVC 系统设计内容主要包括以下两个部分：

（1）设计 AVC 系统各功能模块之间，以及各模块与 EMS 系统之间的数据流的细节，在时序上配合起来，以实现 AVC 系统各大功能。

（2）设计 AVC 系统的所有输入、输出数据在 EMS 系统所能提供和接收的数据中定位、交互、转化。

完成上述两部分设计之后，才能将 AVC 系统嵌入到 EMS 系统中。然后对数据流与时序配合以及各类数据定位、交互、转化、存储进行详细设计与实现。

2.4.2 详细设计与实现

1. 数据流和时序配合设计与实现

整个 AVC 系统的功能是由其各大功能模块之间进行数据交互，并在时序上配合起来实现的，AVC 系统的详细设计，需要对 AVC 系统各个功能模块之间，以及 AVC 系统与 EMS 系统之间的数据流进行详细设计，包括交互方式以及交互在时序上的配合。

如图 2 - 44 所示，AVC 系统各个功能模块间的数据交互用例图描述了 AVC 系统的数据流：模型维护提供了基础模型数据；在此基础上实时监控、无功优化、电压稳定分析模块进行计算，期间输出控制指令、稳态数据、告警信息给 EMS 系统；电压稳定分析中计算量较大的周期扫描部分还调用了 EMS 系统的并行计算平台完成。

图 2 - 44 从整体的角度给出了 AVC 系统正常运行过程中所需的各类数据、数据流以及各模块之间配合的简单示意，以下通过序列图的方式详细阐述模型维护、实时监控、无功优化、告警服务、历史数据分析、电压稳定计算和 EMS 系统之间的交互与时序配合细节。

（1）模型维护。如图 2 - 45 模型维护 UML 序列图所示，电网模型维护是周期进

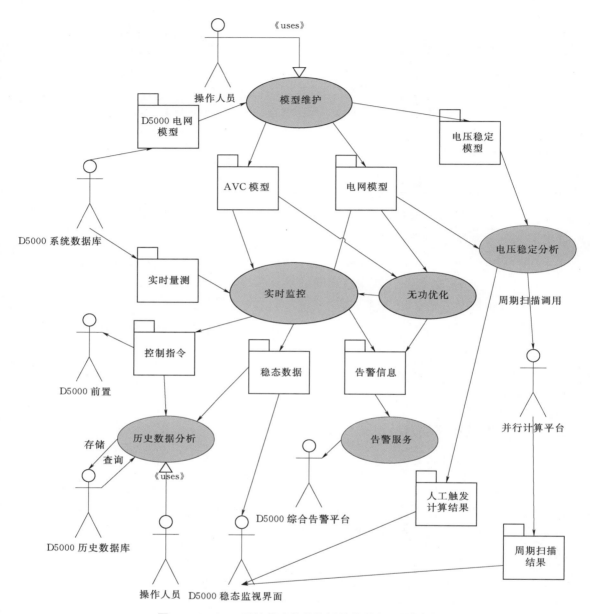

图 2-44 AVC 系统各功能模块间的数据交互用例图

行的，AVC 系统发出申请，从 EMS 系统获得详细数据，分析校验后导入；AVC 模型维护由操作人员触发，通过操作人员的维护，保存在 EMS 系统中，必要时进行校验后导入 AVC 控制系统，作用于实时运行的 AVC 闭环控制；电压稳定模型也是由操作人员触发，由 EMS 系统保存。

（2）实时监控、无功优化和告警服务。实时监控、无功优化和告警服务这几个模块和 EMS 系统之间的交互配合如图 2-46 所示。实时监控是 AVC 系统最为核心的控制模

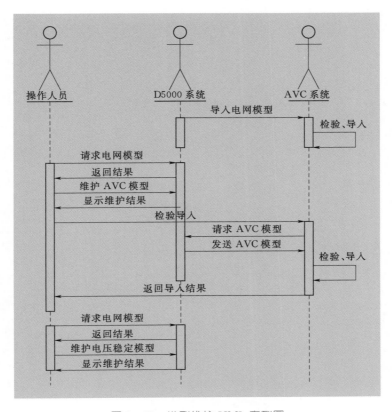

图 2-45　模型维护 UML 序列图

块，每个监控周期内，首先向 EMS 系统请求实时量测数据，与无功优化模块进行配合，参考无功优化的结果计算控制策略，然后将计算得到的控制指令发送给 EMS 系统，通过前置和调度数据通信网络下发给电厂、变电站或上、下级 AVC 控制。期间可能会产生数量和类型都不确定的告警信息，将告警信息发送给告警服务进行存储，汇总后发送给告警平台。

（3）历史数据分析。历史数据分析与 AVC 系统、EMS 系统之间的交互配合如图 2-47 所示。历史数据分析模块周期地存储 AVC 系统其他模块生成的稳态数据（包括所有量测值、控制指令、各类约束值等），然后保存在 EMS 的历史数据库中；当操作人需要进行历史数据分析时，从人机界面数据有关筛选条件（日期、时间段、地区、设备类型等），历史数据分析模块批量地从 EMS 历史数据库中导出，返回给人机界面，向操作人员以曲线、表格等形式进行展示。

（4）电压稳定计算。电压稳定计算与 AVC 系统、EMS 系统，以及 EMS 的并行计算平台之间的交互配合如图 2-48 所示。电压稳定计算分为两个部分：第一部分是由操作人员触发的计算（例如 PV 曲线计算、ATC 计算），这部分计算由 AVC 系统本身进行独立计算，然后将计算结果保存在 EMS 的实时库中，通过人机界面返

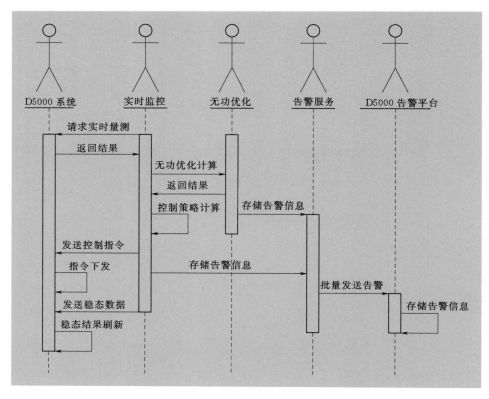

图 2-46　实时监控、无功优化、告警服务的 UML 序列图

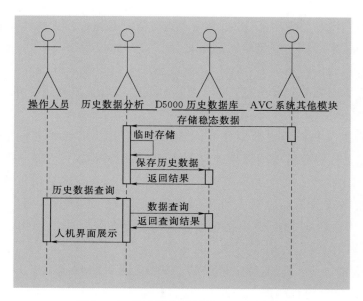

图 2-47　历史数据分析的 UML 序列图

回给操作人员；第二部分是周期触发的分析计算（例如 $N-1$ 故障扫描），由于计算量庞大、耗时长，因此将其计算流程进行分解，并调用 EMS 系统的并行计算平台进行计算。电网模型数据采用 EMS 系统统一的电网模型数据，电压稳定计算模型（主要是故障集）已经由操作人员通过模型维护模块保存在 EMS 实时数据库中。电压稳定模型有的需要新建或从 EMS 系统中导入（例如故障集、联络断面），有的只能重新建立（例如传输路径，即哪些负荷增长、哪些发电机响应、增长比例等信息）。

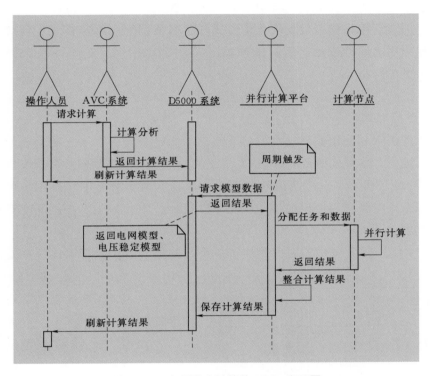

图 2-48　电压稳定计算的 UML 序列图

当计算周期到来时，并行计算平台统一从 EMS 系统获得各类模型数据（而不是向各个应用索取从而提高效率），将数据发送给各个计算节点，同时分配计算任务，然后每个计算节点进行并行计算，得到计算结果，之后并行计算平台回收各个计算节点的计算结果并进行整合，返回给 EMS 系统，保存在 EMS 实时数据库中，之后刷新人机界面的展示结果，供操作人员分析。

对于电压稳定的 $N-1$ 故障扫描，并行计算的任务分配机制为：每个计算节点分配相同数据量的故障数量进行分析计算，每个计算节点在计算之前必须知道一共有多少个计算节点参与本次计算，以及自己是其中的第几个计算节点，然后从故障集中选取相对应的若干个故障进行分析计算。

2．电网模型数据设计

电网模型数据是 AVC 系统进行分析、计算和控制的基础数据，AVC 系统内部几乎所有功能模块都是在其基础上进行的。由于 EMS 系统还集成了状态估计应用，该应用负责对电力系统进行实时的状态估计，并将其计算结果返回给 EMS 系统保存。基于 SOA 的理念，AVC 所需的电网模型数据和状态估计结果可以直接向状态估计应用索取。

实际运行过程中，电网模型数据的变化频率很低，仅当电网规模扩大时发生变化。电网模型的数据量和电力系统规模有关，一般数据量较大。直接通过服务总线向状态估计应用申请网络模型数据服务，需要与状态估计应用约定格式，会增加交互的复杂程度和应用之间的依赖程度。相对而言，采用状态估计向 EMS 系统提供规范化格式的结果更为合适。

因此，综合考虑电网模型数据的特点，以及 EMS 系统提供的各种交互方式，采用 EMS 系统的实时库 API 方式进行数据交互。同时，由于在 AVC 系统内部，电网模型数据的复用率和调用频率极高，但交互又不能过于频繁，因此在本地内存中开辟一块共享区域作为本地实时库，AVC 系统作为一个整体向 EMS 系统索取电网模型数据，转化为 AVC 系统可直接使用的模型后存放在本地实时库中，供各个功能模块使用，解决各模块频繁调用电网模型数据与 EMS 系统实时库 API 方式下交互频率存在瓶颈这一矛盾。

如图 2-49 所示，本地实时库相当于一个缓冲的容器，能有效地解决复用率和调用频率很高、变化频率较低的数据类型，与 EMS 系统交互频率限制之间的矛盾。

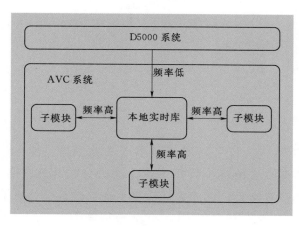

图 2-49　本地实时库的示意图

交互方式确定之后，还需要进行数据转化，以便于 AVC 系统内部各模块能直接使用。EMS 系统提供规范化的数据格式：每一种设备为一张数据表，有厂站表、发电机表、母线表、负荷表、开关表等；每一张表的每一行对应该类设备的一个实体，每一列对应该类设备的一项属性。为降低交互时间带来的影响，首先将所有相关的数据表中的数据先通过实时库 API 接口导入一块临时的内存空间中，然后再解析其中数据，进行简化，存入本地实时库。

解析数据的过程主要分为形成拓扑模型、计算设备参数、量测映射 3 个步骤。

（1）形成拓扑模型。首先根据 EMS 系统数据表中提供的数据，形成树形结构的厂站拓扑模型。EMS 系统提供的数据是冗余的，存在部分数据对本区域的 AVC 系统控制计算是无效的，例如有的设备是悬空的，有的设备或厂站不在当前调度中心分析范围内，都应将其排除。厂站拓扑模型的简单示意如图 2-50 所示，纳入计算分析范围的是以"电力公司"为根节点的树形区域，而区域 4 及其下属厂站 4 和厂站 5、设备 7 都是需要排除在分析范围之外的对象；此外，厂站 3 由于带上了排除标志，因此也属于排除对象。最终可形成一棵树形结构的厂站拓扑结构，对各类设备和节点重新编号。

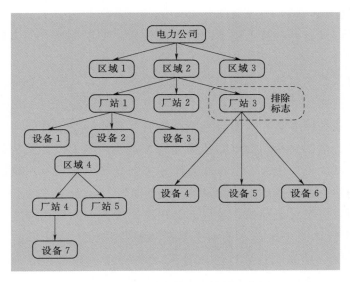

图 2-50　厂站拓扑模型简单示意图

然后，根据交流线段表和交流线段端点表，建立交流线路拓扑模型，找到每条交流线路两端的节点在上一步形成的树形拓扑结构中的节点并连接；对于交流线路两端节点都无法在厂站拓扑模型中找到对应节点的交流线路，将其视为悬空的线路予以排除；对于只有一端能在厂站拓扑模型中找到节点进行连接的，在这一端进行连接，并在线路的另一端添加等值发电机或等值负荷。

（2）计算设备参数。对于发电机、负荷设备，直接采用 EMS 系统提供的参数；对于等值负荷，其容量和限值都设为一个工程上可接受的典型值；对于交流线路，根据其电压等级和有名值参数，计算其电阻、电抗和充电电纳的标幺值；对于变压器的每一个绕组，根据绕组的电压等级和有名值计算其标幺值，对于已经归算到高压侧的绕组参数，找到该绕组所在变压器的高压侧电压等级，计算归算之前的有名值，再根据该绕组本身电压等级计算其标幺值。

（3）量测映射。这里的量测映射主要用于 AVC 系统在 EMS 系统提供的状态估计结果基础上再进行状态估计、潮流计算、最优潮流计算，以确保后续 AVC 控制核心计算能正常进行。这里的量测值并不是实际的 SCADA 量测，而是 EMS 系统给出的状态估计结果。对于实际的发电机、负荷、绕组、交流线路量测，直接采用 EMS 系统给出的状态估计结果，对于等值机和等值负荷，找到对应被等值的设备（例如线路），将被等值的那一侧的状态估计结果作为量测进行映射。

经过 EMS 系统实时库 API 的数据交互，以及之后的数据解析，可以得到一个完整的电网模型数据，将其存放在本地实时库中，供 AVC 系统中其他模块随时调用。

3. AVC 模型数据设计

AVC 模型数据是 AVC 控制计算所必需的基础数据之一，主要描述了三级电压控制模式中所必需的设备。总体上包括曲线管理建模、电厂建模、变电站建模、协调控制建模等四个部分。

曲线管理建模范围包括电压曲线、特高压曲线、关口功率因数曲线、发电机功率图，通过建立多套曲线并进行管理，在不同时期、不同运行方式下采用不同的曲线进行电压控制，以适应因季节、节假日和特高压运行方式的不同使得电压控制约束产生相应变化的需要；电厂建模和变电站建模描述了电压控制中所涉及的设备，并指定有关参数，主要包括区域建模、中枢母线建模、控制母线建模、发电机建模、容抗器建模等；协调控制建模主要描述本区域 AVC 系统与上、下级 AVC 系统进行协调电压控制所需要的模型，包括区域建模、关口设备建模、协调控制母线建模等。

AVC 建模由操作人员发起，根据电网模型数据进行，直接影响整个闭环的电压控制，对操作的安全性要求很高。可以看出，AVC 型的建模是分为多部分、多步骤进行的，并不是建立之后直接生效，而是所有模型都建成后，再通过模型校验，确认无误之后再投入实际的闭环控制系统中使用。因此，每次 AVC 模型数据的交互过程可明显地分为操作人员维护阶段和校验导入阶段两个阶段。

在操作人员维护阶段，对于交互频率、交互速度都没有特别的要求，一般而言在 6～10s 之内完成即可，为保证 AVC 模型全局唯一，维护之后的模型数据保存在 EMS 系统的商用数据库和实时库中；在校验导入阶段，数据格式相对固定，仅仅进行一次交互，但对速度要求较高，应尽快完成以免影响闭环运行的控制系统，一般在 0.5s 内完成即可，基于服务总线的交互方式可满足要求。

与电网模型数据类似，AVC 模型数据在 AVC 系统内部的复用率和调用频率也很高，但实际运行过程中，进行 AVC 模型维护并完成校验导入这样的操作次数是很少的，因此 AVC 模型数据的变化频率非常低，因此也采用本地实时库缓冲容器，从 EMS 系统中取出、校验后导入本地实时库供其他模块快速、频繁地调用，以避免频繁地与 EMS 系统进行 AVC 模型的交互。

综上所述，根据 AVC 模型数据的特点和 EMS 系统的各种交互方式特点，选择 EMS 系统商用库 API 作为模型维护时的交互方式，选择直接使用服务总线进行 AVC

模型的校验和导入，以本地实时库为容器，供 AVC 各个模块快速频繁地调用，可以稳定、鲁棒地实现 AVC 模型数据的所有交互。

4. 实时量测数据设计

实时量测数据指的是电压控制模型中，控制母线、中枢母线、协调控制母线、协调优化母线的电压实测值，控制发电机、主变、关口的有功功率和无功功率实测值，上、下级 AVC 发送的协调变量实测值，以及电厂 AVC 投退状态、增减磁闭锁状态等遥信值。这些数据是电压控制核心计算和指令下发的重要依据，要求实时刷新，有较快的交互速度。在数据刷新频率方面，目前网省调的 AVC 系统数据采集周期为 30s，即每 30s 进行一次实时数据交互。

这些数据可以向 EMS 系统的 SCADA 应用索取，是实时的量测值，而不是状态估计结果。与电网模型数据一样，直接通过服务总线向其他应用申请数据服务较为复杂，AVC 系统所需要的实时量测数据，SCADA 应用已经存放在 EMS 系统中公用的实时数据库中，有规范化的数据格式，可供其他应用调用，因此选择 EMS 系统的实时库 API 方式进行数据交互，在交互频率和交互速度上都能满足要求。

同样，在 AVC 系统内部，无功优化、控制策略计算、指令下发等模块都要用到实时量测数据，复用率和调用频率也很高，采用本地实时库这一缓冲容器来解决。

所有的实时量测数据分散在 EMS 系统中的母线表、发电机表、遥测表和遥信表等数据表中，而在本地实时库中，AVC 模型数据是有序的，因此填写量测数据时需要对原始数据进行索引处理。同时为了尽可能减少与 EMS 系统进行交互的次数，首先将所有分散在各个数据表中的量测数据全部读入，以哈希表的数据结构存放，以遥测点名为索引，提高检索效率。然后遍历本地实时库中所有 AVC 相关设备，根据设备对应的遥测点名在哈希表中检索得到对应的实时量测值，存入本地实时库，最终完成实际量测数据的交互。这种交互方式可以满足 AVC 系统对实时量测数据的要求。

5. 控制指令数据设计

降低指令下控制指令数据指的是 AVC 系统实时监控模块在每个控制周期计算得到的控制指令（例如电厂控制母线的电压设定值），以及为了不同等级的控制中心之间进行协调电压控制的需要，与上、下级控制中心的 AVC 系统进行通信的数据（例如省地协调电压控制中的关口无功功率设定）。AVC 系统一个闭环控制系统，其安全性、稳定性、鲁棒性要求极高，尤其是作为下行数据的控制指令，其效果直接作用于电网，其数据交互是整个 AVC 系统中对稳定性要求最高的环节。

二级控制周期一般为 5min，在较长的时间内没有控制指令数据进行交互，但在控制策略给出控制指令时，多条控制指令生成，并连续地进行交互（尽可能保证控制指令同时被执行）。控制指令的数据量取决于参与控制的设备，相对于电网模型数据和实时量测数据而言，控制指令数据的数据量非常小，但要求交互速度极快，稳定性高，不能被阻塞。从数据要求来看，选择 EMS 系统的消息总线作为控制指令交互（主要是下发）方式最为合适，采用广播式的交互方式。

在下发控制指令之前，需要事先完成每一个控制设备的通道、测点配置。这些配置的结果存放在 EMS 系统的实时数据库中，在模型维护过程中导入到 AVC 本地的实时库容器中；实时控制中，当生成控制指令时，从本地实时库中读取通道信息和测点信息，生成消息总线的数据包（包含测点信息与控制设定值），通过消息总线发送给 EMS 的前置系统，由其通过调度数据通信网络与实际的控制设备（例如电厂 AVC 子站系统）进行交互，从而尽可能减少与 EMS 实时数据库的交互，降低指令下发流程的复杂度，减少风险。

同时，关于控制指令是否被控制设备接收到，AVC 系统并未获得有关信息。为了保证闭环控制的稳定性，设立了一套校验机制：每一个受控设备所在的厂站级控制对象（例如电厂的 AVC 子站系统）实时上送一个称为远方、本地信号的遥信，正常情况下该遥信值为 1（对应的模式为远方控制，即接收主站闭环控制指令）；当通信异常或其他原因导致收不到电压控制指令，那么在该状态连续经历了 3 个控制周期后，该控制对象自动将遥信值置为 0（对应的模式为本地控制，不接收主站控制指令），控制中心的 AVC 系统在获取实时量测数据、检测到该遥信值为 0 时立刻给出告警，通知操作人员进行检查。该控制逻辑如图 2-51 所示。

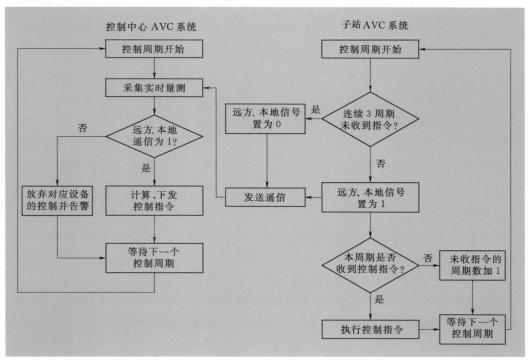

图 2-51　远方、本地信号与控制逻辑

6. 人机界面数据设计

人机界面数据主要有控制参数、表格类展示数据、曲线类展示数据、图形类数据 4 类，这些数据主要通过 EMS 系统提供的图形界面进行展示，其数据存放在 EMS 的实时数据库中，在设计维护人机界面时进行相关的关联操作。

控制参数主要通过文本框的方式，人机界面修改后保存在 EMS 实时数据库中，需要确认后导入到 AVC 系统的本地实时库，作用于闭环控制系统；表格类展示数据只需要实时修改 EMS 实时数据库中对应的内容即可；曲线类展示数据需要单独建立一个数据表，定义其中的某一列为特定曲线的数据源进行关联，对该列的数据进行刷新即可完成对曲线图形的刷新；图形类数据是要将图形对应的数据源（例如饼图、柱状图对应的数值）与图形进行关联，数据源也存放在 EMS 实时数据库中，对数据源进行刷新即可完成对图形数据的刷新。

人机界面数据对交互的要求不高，但基本都要使用 EMS 实时数据库作为数据源，因此用 EMS 实时库 API 的交互方式是最适合的。

7. 告警消息数据设计

告警消息数据的特点是：多个模块都会生成告警消息（例如实时监控中的策略计算和指令下发、无功优化等），而且其数据量也是不确定的（和实际运行控制中状况有关）；告警信息还分为多个等级，不同严重程度的告警，其影响大小也不同，对于操作人员而言，如果直接查询所有告警信息，将难以在第一时间对最需要关注的严重告警作出反应。告警信息的实时性要求一般是秒级，即操作人员能作出反应的时间尺度。

根据上述特点，对告警消息作出设计：由于涉及多个模块，为避免频繁与 EMS 系统通信，用 AVC 系统本地实时库作为缓冲容器进行临时存储（包含告警等级的数据），由告警服务主模块进行整合，然后通过告警平台的 API 接口批量地向 EMS 的告警平台进行一定严重等级以上的告警数据交互，供操作人员查看。这种交互模式可以满足告警信息数据的交互需求。

8. 历史数据设计

历史数据是给运行人员进行离线分析的重要依据，所涉及的数据为所有控制设备的实时量测、控制指令，以及各类电压约束和无功功率约束等信息。历史数据有读取和存储两类操作。存储操作是周期自动进行的，周期一般为 1min，仅仅是这 1min 的数据，数据量较小；若读入操作是由操作人员触发的，所读取的是操作人员所关心的时间段内的数据，则数据量一般较大。

在 EMS 系统中，历史数据存放在称为历史数据库的商用数据库中，因此历史数据的交互方式采用历史库 API 的方式，这种方式可进行速度较快、结构相对固定的大量数据交互，因此可满足历史数据的交互需求。

2.4.3　现场应用情况

目前的 AVC 系统提供电厂无功功率-电压自动控制、变电站无功功率-电压自动控制、上下级协调电压自动控制等功能。AVC 系统采用 C/S 框架。D5000 服务端与客户端独立运行，两者通过 TCP/IP 进行数据交换。并且支持多客户端模式。

D5000 系统客户端可以运行在 Windows、Linux、HP－IA64、IBM－AIX、Alpha 等操作平台。D5000 客户端是 D5000 系统的人机交互工具。其主要功能有：

（1）提供电网无功功率-电压信息实时监视界面。

（2）提供 AVC 系统的运行状态监视界面。

（3）提供 AVC 系统运行参数修改界面。

（4）提供 AVC 相关模型维护界面。

1. 三级优化结果实时信息

AVC 系统主界面如图 2－52 所示。

图 2－52　AVC 系统主界面图

图 2－52 展示了 AVC 系统主要功能模块及系统控制信息。可以看到 AVC 系统的主要功能模块包括：

（1）电厂运行监视。点击该菜单，则进入电厂侧 AVC 相关运行信息实时监控界面。

（2）电厂策略。点击该菜单，进入电厂控制实时策略显示界面。

（3）变电站运行监视。点击该菜单，则进入变电站控制相关运行信息实时监控界面。

（4）变电站策略。点击该菜单，进入变电站控制实时策略显示界面。

（5）协调控制运行监视。点击该菜单，进入协调控制运行监视主界面。

全局优化信息显示主界面如图 2－53 所示。

图 2-53　全局优化信息显示主界面图

系统参数设置界面如图 2-54 所示。

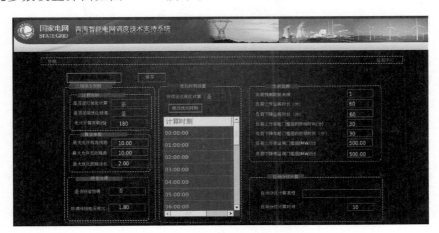

图 2-54　系统参数设置界面图

在图 2-54 所示界面中可以对系统的控制参数进行设置。

优化结果显示界面如图 2-55 所示，负荷趋势监视界面如图 2-56 所示，过低压监视界面如图 2-57 所示，优化设置界面如图 2-58 所示，在图 2-58 界面中可以选择参与优化的机组及机组的无功功率上下限和有功功率上限的信息。

2. 电厂控制实时信息

电厂运行监视主界面如图 2-59 所示。

图 2-59 中，在界面中展示电厂控制的基本信息，同时还可以关联到子站信息、机组信息、控制母线、中枢母线、网省协调母线、厂站协调母线控制分区、控制日志、电厂灵敏度及设备闭锁等信息。

子站信息如图 2-60 所示。

图 2 - 55　优化结果显示界面图

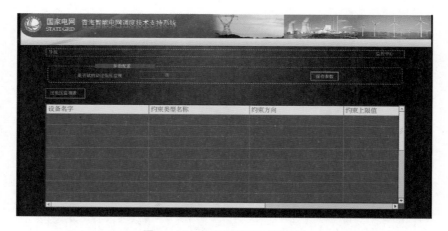

图 2 - 56　负荷趋势监视界面图

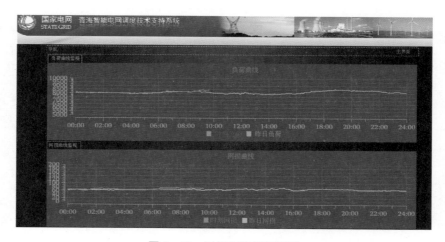

图 2 - 57　过低压监视界面图

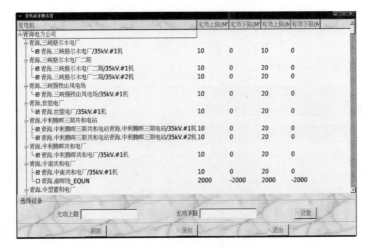

图 2-58　优化设置界面图

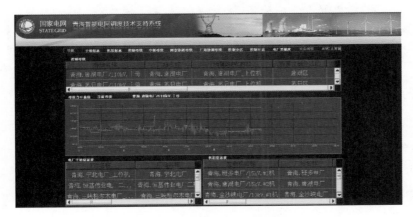

图 2-59　电厂运行监视主界面图

图 2-60　子站信息图

电厂控制子站装置表显示了参与控制的子站运行信息，包括 PVC 名称、闭锁标志、控制模式、上位机（自检信号）、远方就地、量测质量、厂站名称、所属区域。

机组信息如图 2-61 所示。

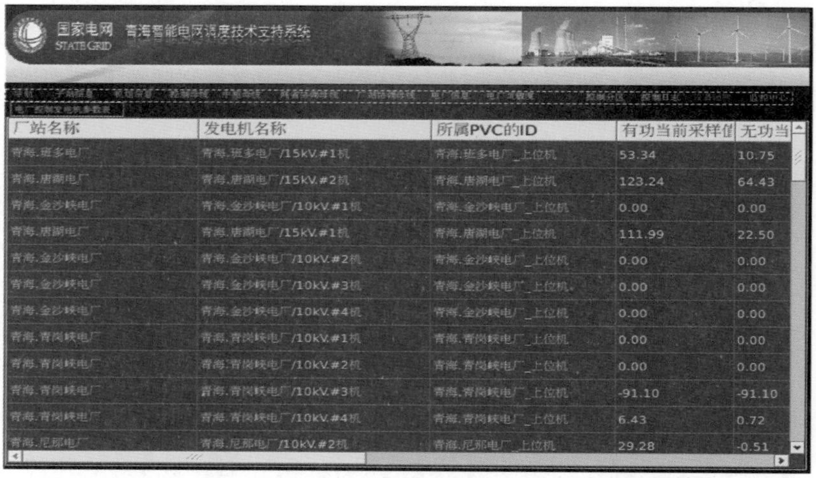

图 2-61　机组信息图

电厂控制发电机参数表显示了参与控制的发电机运行信息，包括厂站名称、发电机名称、无功功率当前采样值、有功功率当前采样值、下位机运行状态发电机量测质量、无功功率上限、无功功率下限、增磁闭锁、减磁闭锁信号。

控制母线信息如图 2-62 所示。

图 2-62　控制母线信息图

二级控制控制母线表显示了控制母线的相关信息，包括所属控制分区 ID、所属 PVC 的 ID、母线名称、备用母线、当前采样值、控制上限、控制下限、当前设定值、控制步长、指令值、控制死区、跟踪成功、指令生成时间、指令类型信息。

中枢母线信息如图 2-63 所示。

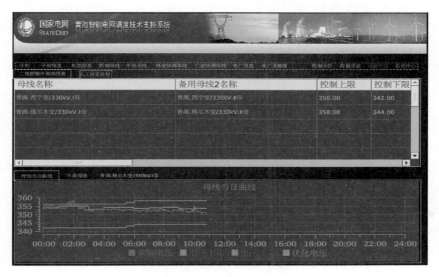

图 2-63　中枢母线信息图

二级控制中枢母线表显示了控制母线的相关信息，包括母线名称、备用母线 2 名称、当前采样值、控制上限、控制下限、当前设定值、当前采样时间、母线量测质量位信息。

控制分区信息如图 2-64 所示。

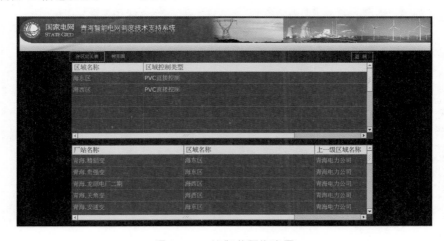

图 2-64　控制分区信息图

分区控制厂站表以表格形式显示控制分区的相关信息，包括厂站名称、所属区域 ID、上一级区域名称。

电厂控制日志如图 2-65 所示。

图 2-65　电厂控制日志图

电厂控制当日日志表用表格的形式展示了告警时间及告警内容。

电厂灵敏度如图 2-66 所示。

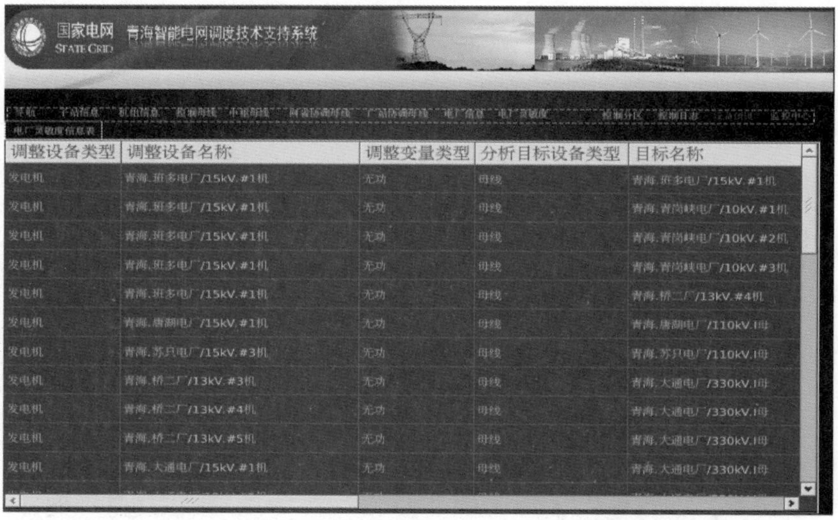

图 2-66　电厂灵敏度图

显示数据刷新时刻，同时以表格的形式展示了电厂灵敏度的相关信息，包括调整设备类型、调整设备名称、调整变量类型、分析目标设备类型、目标名称、灵敏度计算结果。

3. 变电站控制实时信息

变电站运行监视主界面如图 2-67 所示。

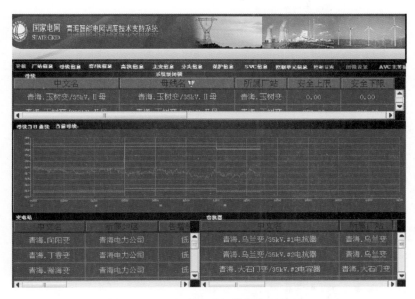

图 2-67　变电站运行监视主界面图

图 2-67 中，在界面中展示变电站控制的基本信息，同时还可以关联到厂站信息、母线信息、容抗信息、分头信息、主变信息、保护信息、SVC 信息、控制日志、控制单元信息及设备闭锁等信息。

厂站信息如图 2-68 所示。

图 2-68　厂站信息图

变电站控制厂站表显示了参与控制的变电站信息，包括中文名称、所属区域、厂站控制模式、当前闭锁标志位、远方就地、厂站遥信质量位值等。

母线信息如图 2-69 所示。

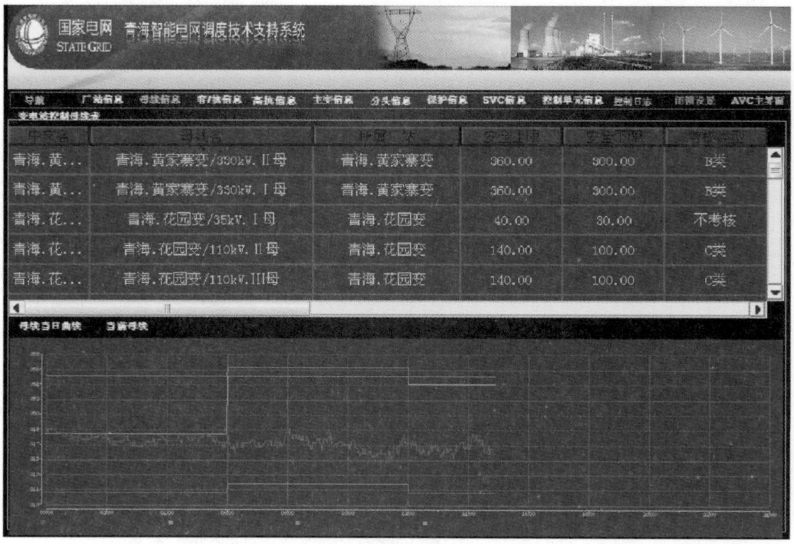

图 2-69　母线信息图

变电站控制母线表显示了参与控制的母线信息，包括中文名称、母线名、所属厂站、安全上限、安全下限、考核类型、当前人工设定值、电压上限、电压下限、当前采用母线电压、质量位等。

容抗信息如图 2-70 所示。

图 2-70　容抗信息图

变电站控制容抗表，包括中文名称、所属厂站、控制类型、闭锁标志、远方本地、电容电抗容量、电容器状态、开关运行、无功功率量测、当日动作次数、当月动作次数、最近动作类型等。

主变信息如图 2-71 所示。

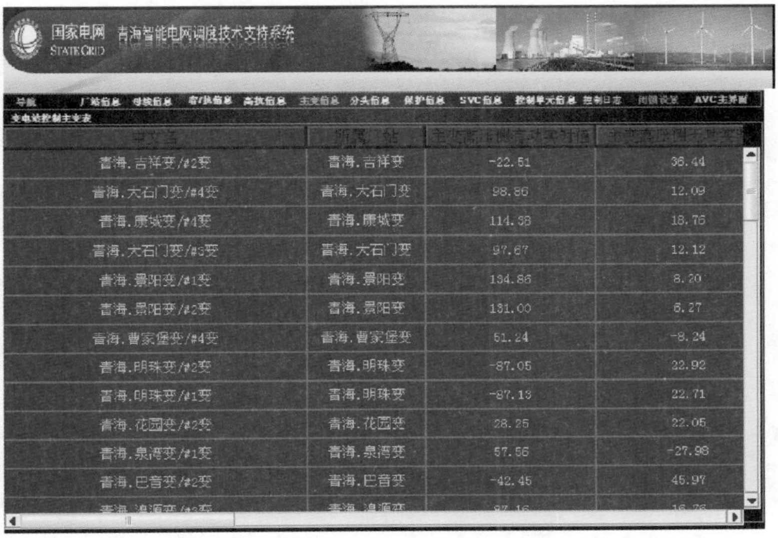

图 2-71　主变信息图

变电站控制主变表以表格形式显示相关信息，包括中文名称、所属厂站、主变高压侧有功功率实时值、主变高压侧无功功率实时值等。

分头信息如图 2-72 所示。

图 2-72　分头信息图

变电站控制分头表以表格形式显示相关信息，包括中文名称、所属厂站、所属主变、当前闭锁标志位、分头控制类型、远方本地状态、分头量测是否可用、当前分头位置、电压灵敏度类型等。

保护信息如图 2-73 所示。

图 2-73　保护信息图

变电站控制保护信号表显示一些保护信息。

控制日志如图 2-74 所示。

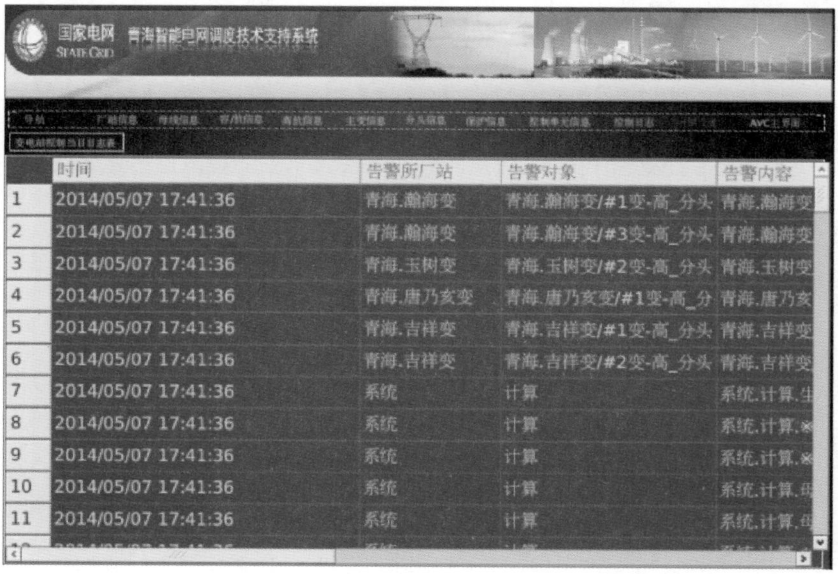

图 2-74　控制日志图

变电站控制当日日志表用表格的形式展示了告警时间及告警内容。

控制单元信息如图 2-75 所示。

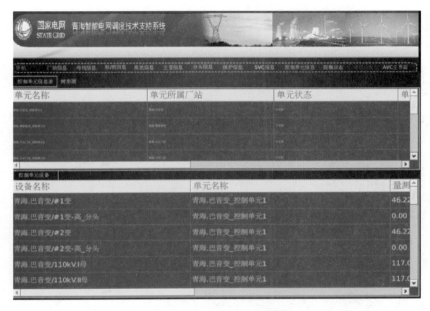

图 2-75　控制单元信息图

SVC 信息如图 2-76 所示。

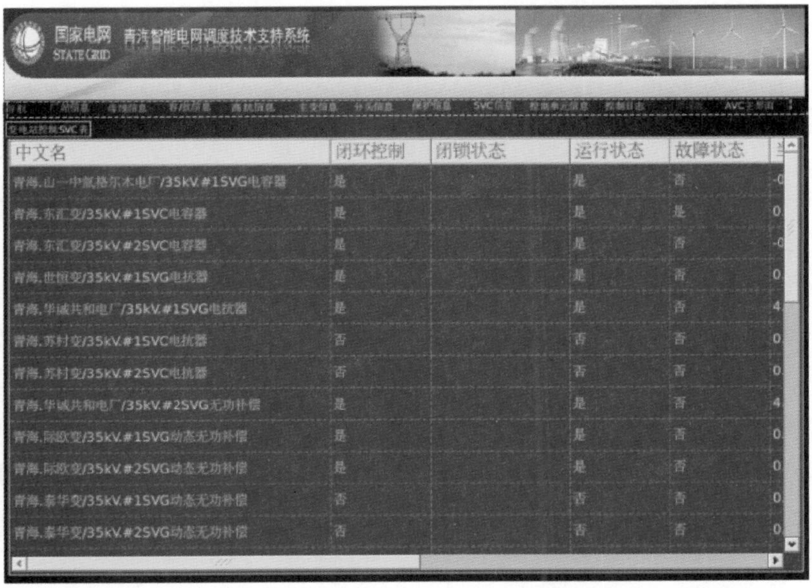

图 2-76　SVC 信息图

变电站控制调相机表，包括中文名称、闭环控制、闭锁状态、运行状态、故障状态、当前无功功率量测、可调节支路最大无功功率、可调节支路最小无功功率、SVC控制类型等。

4. 省地协调控制实时信息

协调控制运行监视主界面如图 2-77 所示。

图 2-77　协调控制运行监视主界面图

点击任何一个地调，例如西宁地调，进入地调界面，如图 2-78 所示。

图 2-78 中，在界面中展示西宁地调的基本信息，同时还可以关联到区域信息、关口设备、电压设备、控制日志、设备闭锁等信息。

区域信息如图 2-79 所示。

协调区域表显示了参与控制的地调信息，包括区域名称、区域闭锁标志位、协调区域类型、协调角色、AVC 工作状态、AVC 运行状态、AVC 指令刷新时刻等。

关口设备如图 2-80 所示。

上下协调控制关口表显示了参与控制的关口信息，包括协调关口名称、协调厂站名称、区域名称、闭锁状态、投入退出标志、当前功率因数、功率因数设定上限、功率因数设定下限、当前无功功率、当前有功功率、协调关口类型、协调控制优先级等。

无功设备如图 2-81 所示。

上下协调控制无功设备表，包括设备名称、协调厂站名称、协调关口名称、当前功率因数、当前无功功率、当前有功功率、无功功率上限、无功功率下限、电压等

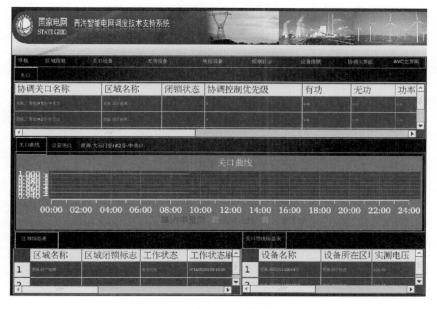

图 2-78　西宁地调界面图

图 2-79　区域信息图

级、设备关口侧位置、设备所属区域等。

电压设备如图 2-82 所示。

协调控制电压设备表以表格形式显示相关信息，包括设备名称、协调厂站名称、设备电压基值、设定电压、运行电压上限、运行电压下限、实测电压、紧急电压上

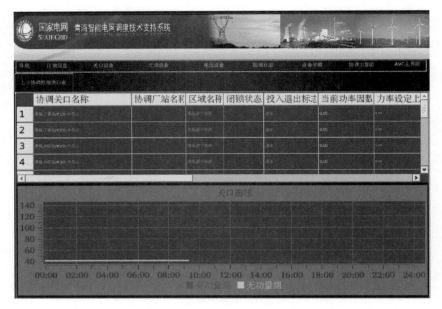

图 2-80　关口设备图

图 2-81　无功设备图

限、紧急电压下限、考核电压上限、考核电压下限、优先级、设备所在区域等。

控制日志如图 2-83 所示。

协调控制当日日志表用表格的形式展示了告警时间及告警内容。

设备闭锁显示了 AVC 相关的闭锁设置信息，如图 2-84 所示。

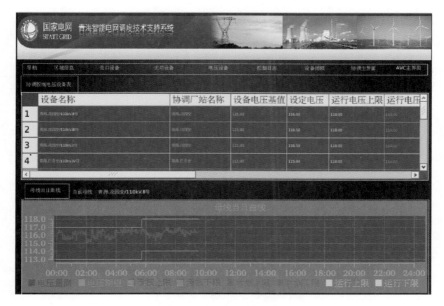

图 2-82　电压设备图

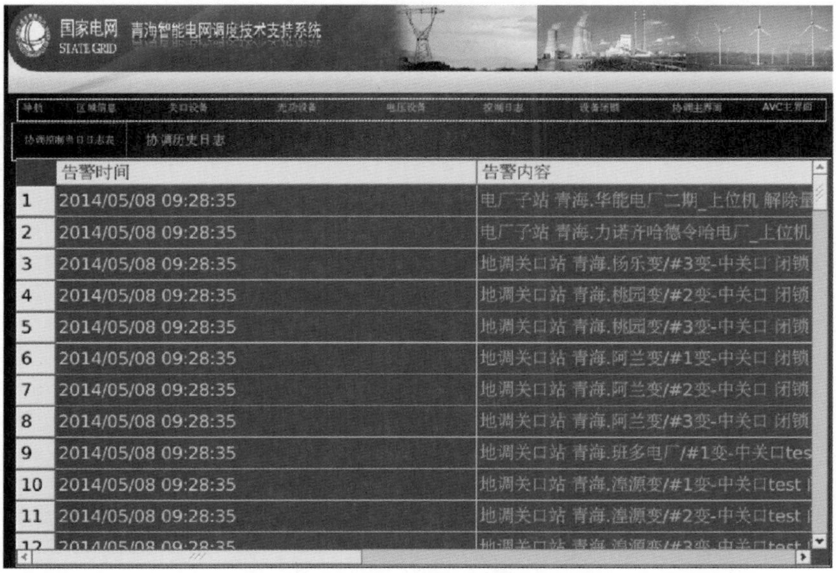

图 2-83　控制日志图

5. 小结

本节根据 EMS 系统、AVC 系统的特点，以及 AVC 的需求，设计实现了基于智能电网调度支持系统上的 AVC 系统，兼容了风光电 AVC 功能，对 AVC 的系统架构、模块间的配合、数据流、交互需求进行了详细阐述。

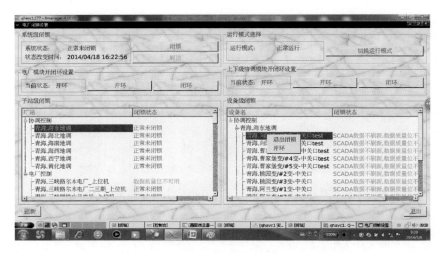

图 2-84　设备闭锁图

（1）分析了 AVC 系统的各大功能，设计了整体软件架构、各个模块和宏观上的数据流。

（2）设计了这几个模块的触发方式、模块之间的数据交互细节、各模块与 EMS 系统所进行的交互细节以及时序上的配合，从而实现 AVC 系统的各个功能。

（3）针对这些模块在运作过程中涉及的各类交互数据的特点，参考 EMS 提供的所有数据交互方式特点，为各类数据交互选择了恰当的方式，设计实现各类数据的定位、转化、存储、结果反馈等，以满足各功能模块稳定运行的需求。

通过以上工作将 AVC 系统各个模块有机地组合在一起，嵌入到 EMS 系统中，完成了基于 EMS 的 AVC 系统的详细设计与实现。

第 3 章

多能源互补发电调度侧有功功率控制技术

3.1　清洁能源波动特性分析

3.1.1　风电波动特性分析

风电是目前世界装机容量增速最快的清洁能源发电方式。目前我国风电装机容量增速较快，同时，随着风电装机容量的增加，风电的大规模并网将会对我国各个地区电网的安全稳定运行、清洁能源可靠送出、系统调频调峰以及电能质量等均产生多方面的影响。

以青海电网为案例分析我国风电的波动特性。根据青海省发展和改革委员会新能源发展规划，2020 年风电装机容量目标为 2300MW。针对目前青海地区风电装机容量的快速增加的情况，对青海地区的风能资源特性进行了全面的分析，并利用海西地区已经运行的风电场的现场调研数据分析风电场功率特性。本节主要以青海沙珠玉风电场的实测功率数据以及海西地区的负荷数据为基础，对青海风电波动特性进行分析。

沙珠玉风电场位于青海省共和县沙珠玉乡，距离共和县城约 26km。场内采用 35kV 集电线路方案，风电机组所发电量经 3 回集电线路送至升压站主变低压侧，最终以一回 110kV 线路接入当地电网。沙珠玉风电场占地面积 7000350m²，作为青海电网内首座并网风电场，改变了青海电网能源结构，具有重要的意义。根据沙珠玉风电场实测数据对风电功率特性进行分析。

1. 风电功率的波动性、不确定性

根据沙珠玉风电场的实测功率数据，其 2014 年日功率曲线图如图 3-1 所示。根据图 3-1 分析可知，风电场在一年内风速波动均较大，突变及不连续较为明显。在连续几日内风电场最小功率接近于零，而最大功率则超过 70%。

根据青海风电场风能资源分布数据，风电场的大风月为 10—12 月和 1 月，其中 10 月中旬至 12 月中旬期间风速和风功率密度达到最大；小风月为 6—9 月，其中 6 月

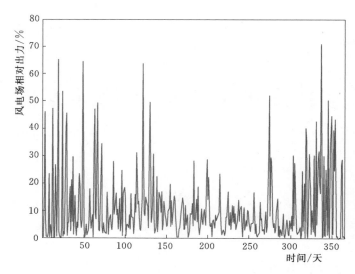

图 3-1　2014 年风电场年功率曲线

最小。2014 年沙珠玉风电场 1—12 月发电量及月最大功率曲线如图 3-2 所示。

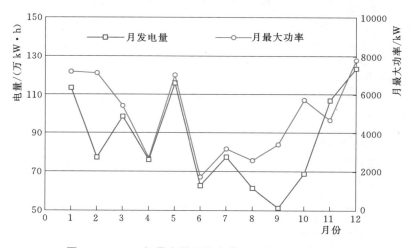

图 3-2　2014 年风电场月发电量及月最大功率曲线图

从月发电量看，11 月初至 12 月末月以及 1 月发电量和风电功率达到较高值，风电场月发电量波动性较大，6—9 月月发电量较小，说明风电场大功率发电方式主要在春冬季，小功率发电方式主要在夏秋季；从月最大功率看，除夏秋季和 3 月、4 月外，其余月份最大功率相对较大且比较均匀，并无太大差别。

通过实测数据分析，2014 年 12 月 2 日和 12 月 3 日为典型相邻日，其功率特性曲线如图 3-3 所示，通过分析可知，相邻日功率曲线差异较大，随机性较强，出现大功率发电连续日的概率较小。大功率发电方式下风电场功率波动较大，间歇性明显，输出功率稳定性差。

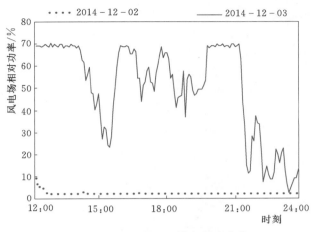

图 3-3　典型相邻日风电功率曲线

2. 风电场调峰特性

对沙珠玉风电场典型日发电功率及海西地区负荷数据进行对比，得到典型日风电调峰特性曲线如图 3-4 所示，由图 3-4 可知，在凌晨至中午风速较小，达不到风电机组切入风速，风电场处于停运状态；中午至次日凌晨可能出现从零到额定功率之间大范围变化情况；13：00—16：00 具有明显的反调峰特性，使得低谷负荷时段时风电出现尖峰功率，增加了系统的调峰压力，因此需要对风电功率的反调峰效应进行评估；而 21：00—23：00 的负荷高峰期风电功率较高，可缓解常规能源压力。因此，青海风电功率同时具有调峰和反调峰特性，需要结合风电预测技术以及其他能源协调控制，提高系统稳定性及安全性。

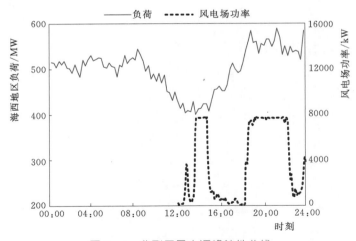

图 3-4　典型日风电调峰特性曲线

3. 风电功率相关性

此外，依据大柴旦和锡铁山风电场实时功率数据，绘制出两个风电场在 2012 年 5

月 4—10 日区间的相对功率曲线图，如图 3-5 所示。通过对比，发现两个风电场在相对较长的时间段内的功率具有较大的相关性。

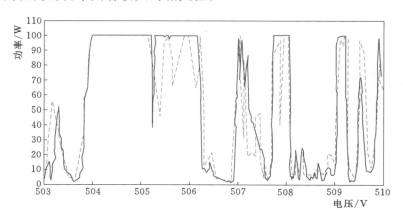

图 3-5　两个风电场在 2012 年 5 月 4—10 日区间的相对功率曲线

目前青海省已并网运行的风电装机容量相对较小，且地理位置比较分散，使得不同风电场风速达到高峰和低谷时其风电功率在不同时刻的变化也不相同。从总体上分析各个相对较短的时间段内，风电场的总体功率变化率较小。由于风电机组、风电场、风电场群及风电基地的特性不同，从独立性方面分析，在不同的时间尺度内能够相对有效地降低青海地区风电功率的变化率，但根据青海地区实测风能资源分布情况，如果在某一时间段内出现大面积来风（去风）现象，将会使青海地区的风电总功率增幅增大（减小）。因此，青海地区不同风电场的功率变化趋势具有较大的相关性。

4. 风电并网对青海电网的影响和要求

大规模风电并网将引起地区电网的相角、电压频率以及电压稳定性等参数的变化。根据青海地区的风能资源特性、风速曲线图及风电功率曲线可知，由于青海风电的总装机容量及总功率变化率相对较小，因此在短时间段内，一般补偿装置及电源能够满足响应要求。但随着青海风电装机容量的快速增加或在长时间尺度下的风电功率幅度持续变化较大，应适时考虑较大的备用容量对其功率大幅变化进行响应。由于青海风电所在地区风能突变现象相对较少，且目前风电总装机容量相对青海电网总装机容量较小，因此，青海风电功率对系统的动态稳定性等方面的影响相对较小。

考虑到目前青海电网系统虽能够满足风电功率对地区电网系统调频要求，但随着青海风电装机容量的逐年递增，且风电集中地区的网架结构相对比较薄弱，网内其他电源运行灵活性不够，青海海西地区的清洁能源接入电网情况日益复杂，由此约束风电并网的技术问题将会日益突出。根据青海地区的风电装机容量规划情况，适宜配套建设相应容量的常规电源基地。

通过对海西地区风电运行特性的分析得出以下结论：

（1）风电功率波动较大，突变及不连续较为明显。在连续几日内风电场最小功率接近于零，而最大功率则超过 70%。

（2）11 月初至次年 1 月发电量和风电功率达较高值，6—9 月月发电量较小，风电场大功率发电方式主要在春冬季，小功率发电方式主要在夏秋季。

（3）典型相邻日发电功率差异较大，随机性强，出现连续日大功率发电方式运行的概率较小。

（4）大功率发电方式下风电场功率波动比小功率发电方式下更大，需协调其他能源及补充设备提高输送功率稳定性。

（5）负荷低谷时段风电出现峰值，增加系统调峰压力；负荷高峰时段风电功率持续较高，可缓解常规能源压力。风电同时具有调峰和反调峰特性，需要结合风电预测技术以及其他能源协调控制，提高系统稳定性及安全性。

（6）青海地区不同风电场的功率变化趋势具有较大的相关性，在不同的时间尺度内能够相对有效地降低功率变化率。

3. 1. 2　光伏发电波动特性分析

1. 时域分析

以 2014 年 8 月 14 日的青海光伏总实际发电功率数据为例，计算光伏发电波动量数据，作累计分布函数图，如图 3-6 所示。

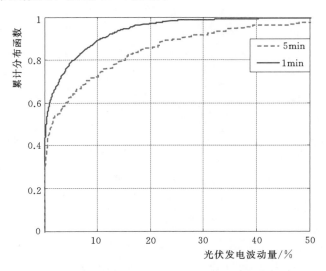

图 3-6　1min 及 5min 时间尺度下光伏发电波动量的累计分布函数

从图 3-6 中可以看出，在 1min 的时间尺度下，90% 的光伏发电波动量小于10%，光伏发电波动量的最大值达到 47%；在 5min 的时间尺度下，约 70% 的光伏发电波动量小于 10%，90% 的光伏发电波动量小于 24%。可以得到：

（1）光伏发电波动量大小与所选择的时间尺度有关，时间尺度越长，光伏发电波动量越大，但和时间尺度选择的长短并非线性关系。

（2）光伏发电波动量可能在 1min 内超过 40%。相关研究表明，光伏发电的波动量可能在数十秒达到 60% 以上。

从以上的研究可以得到，光伏面板的功率主要受光伏面板所接受的总辐照度影响，而气候条件（云层、沙尘、温度、风速等）是影响总辐照度的主要因素。选择青海格尔木光伏电站 4 个不同天气日（晴天、阴天、多云天、雨雪天）的光伏发电数据，并使用光伏发电波动量作累计分布函数图。

图 3-7 为晴天、阴天、多云天、雨雪天 4 种不同天气条件下的光伏阵列功率曲线，可以看出天气对光伏阵列功率的波动水平有显著的影响：晴天时光伏功率平稳，光伏阵列功率波动小；多云天和阴天时，由于受到云层遮挡影响，光伏功率波动量大，短时间内波动量超过装机容量的 60%；在雨雪天气，由于光伏阵列接收的太阳辐照度低，光伏阵列功率显著降低。

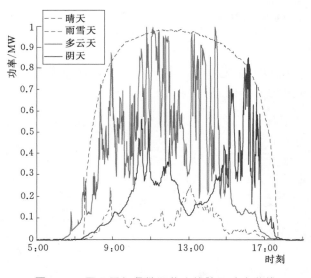

图 3-7　不同天气条件下的光伏阵列功率曲线

不同天气条件下 1min 时间尺度的光伏发电波动量如图 3-8 所示，在 1min 的时间尺度下，晴天和雨雪天中 95% 的光伏发电波动量小于 3%，且几乎没有出现超过 10% 的；在阴天和多云天的条件下，光伏发电波动量显著增多，最高的波动量达到 67%。

表 3-1 和表 3-2 归纳了不同天气条件下，1min 及 5min 时间尺度下光伏发电波动量 $x \leqslant a$ 所对应的概率 P。

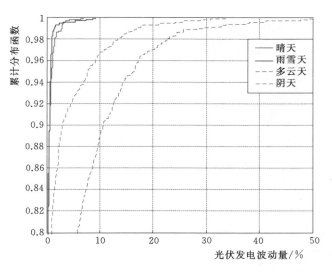

图 3-8 不同天气条件下 1min 时间尺度的光伏发电波动量

表 3-1 1min 时间尺度下累计分布函数值

天气类型	$P(x\leqslant5\%)$	$P(x\leqslant10\%)$	$P(x\leqslant20\%)$
晴天	98.16%	100%	100%
雨雪天	99.48%	100%	100%
多云天	79.79%	88.44%	97.50%
阴天	92.29%	95.83%	99.27%

表 3-2 5min 时间尺度下累计分布函数值

天气类型	$P(x\leqslant10\%)$	$P(x\leqslant20\%)$	$P(x\leqslant40\%)$
晴天	99.48%	100%	100%
雨雪天	99.48%	100%	100%
多云天	72.31%	85.13%	94.87%
阴天	88.72%	94.87%	98.98%

对比不同天气条件下的光伏发电波动情况可看出，在晴天和雨雪天，1min 和 5min 的光伏发电波动量没有超过 10%，对 AGC 备用需求小；而在阴天和多云天，分钟级光伏发电波动量显著增大；在多云天，约有 15% 的 5min 光伏发电波动量超过 20%。光伏发电的波动性要求电网有足够的 AGC 备用容量缓解光伏发电波动对电网的影响，故有必要对大规模光伏发电接入电网引起的 AGC 需求进行预测，保证电网安全可靠运行。

2. 频域分析

（1）频谱分析将时间序列分解为不同频率的分量，认为时间序列是不同频率分量叠加的结果。频谱分析法通过研究各个分量的周期变化，充分探究时间序列的频域特性，可用于研究时间序列主要周期的波动特征。

（2）参数模型法是现代谱估计的一种重要方法。参数模型法实现功率谱估计的主要思想是：将广义平稳的过程 $x(n)$ 表示成一个输入序列 $\mu(n)$ 激励线性系统 $H(z)$ 的输出，由已知的序列 $x(n)$ 或其自相关函数 $r_x(m)$ 来估计 $H(z)$ 的参数，再由 $H(z)$ 来估计 $x(n)$ 的功率谱。

（3）频谱分析方法将光伏发电功率的时间序列分解为不同振幅和频率的周期分量的叠加。光伏发电功率序列中各周期分量对应的频率处，其分量的振幅越高，对整体功率影响越大。故通过对光伏发电功率序列进行频谱分析，可以找出序列中主要的周期分量。

（4）采用自回归模型（AR 模型）对光伏发电功率的时间序列进行功率谱估计，使用 burg 算法对该模型进行求解。以青海黄河水电格尔木电厂、青海黄河共和光伏电站、青海吉电格尔木电厂以及青海大唐德令哈电厂的实际数据为基础进行频谱分析，得到光伏功率频谱分析，如图 3-9 所示。

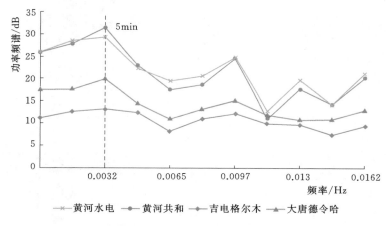

图 3-9　光伏功率的频谱分析

从图 3-9 中可以看出，光伏发电的短期波动主要集中在 5min 时间尺度上，且这部分的光伏发电波动量主要由 AGC 机组进行调节。

3. 光伏发电 AGC 备用容量需求预测

如前所述，光伏发电的分钟级波动量较大，若将大规模光伏发电接入电网，在某种程度上将导致系统频率和区域控制误差的波动增加，这种影响将随着光伏发电并网装机容量的增大而越来越显著。因此，运用 AGC 备用应对光伏发电并网引发的系统频率稳定问题非常重要。

运用 AGC 备用应对光伏发电并网引发的系统频率稳定问题首先需要对关键时间尺度的波动分量进行分离，分离负荷分量的方法有滚动平均法和时段平均法。

　　滚动平均法通过对光伏功率曲线 P 上每一个数据的前、后一段数值滚动求平均，由此获得一条平滑的光伏功率曲线 P_r。计算原始功率曲线 P 和平滑的功率曲线 P_r 的差值，即可得到相对时间尺度的波动分量。

　　时段平均法求取一定时间长度（5min、10min 以及 15min）的负荷均值，得到一组离散的负荷幅值，使用线性插值处理后得到一条由爬坡负荷组成的负荷曲线。计算原始处理曲线和处理后曲线的差值，求取相对时间尺度的波动分量。

　　相比之下，滚动平均法处理后的曲线更光滑，更符合持续性负荷曲线的特点。通过使用滚动平均法可以得到与负荷幅值采样和存储周期相对应的各个时刻的调节负荷分量。由此可以确定大规模光伏发电站接入系统后的 AGC 备用容量需求。使用不同办法分离出来的负荷分量最大值表示大规模光伏电站接入系统后对 AGC 备用容量的最大需求。但如果依据最大需求来确定系统的 AGC 备用容量，容易导致 AGC 备用容量过剩。从表 3-1 和表 3-2 可以看出，绝大多数的情况下，光伏发电波动量远小于最大值，以光伏波动分量最大值确定 AGC 备用容量，不论是对电力系统运行的安全稳定性还是经济性，都有不利的影响，故采用统计分析方法对光伏发电波动量进行分析。

　　根据统计研究，在 2～60min 的时间尺度内，t location-scale 分布对光伏功率波动的概率密度拟合效果最好。且 t location-scale 分布式含有尺度参数和位置参数的 t 分布，若 x 服从位置参数为 μ、尺度参数为 σ、形状参数为 ν 的 t location-scale 分布，则有 $(x-\mu)/\sigma$ 服从形状参数为 ν 的 t 分布。t location-scale 分布的概率密度表达式为

$$f(x) = \frac{\Gamma\left(\frac{\nu+1}{2}\right)}{\sigma\sqrt{\nu\pi}\,\Gamma\left(\frac{\nu}{2}\right)}\left[\frac{\nu+\left(\frac{x-\mu}{\sigma}\right)}{\nu}\right]^{-\frac{\nu+1}{2}} \tag{3-1}$$

式中　μ——位置参数；

　　　σ——尺度参数；

　　　ν——形状参数。

　　根据 t 分布的参数查询 t 分布的统计分布数值表〔《统计分布数值表　t 分布》（GB 4086.3—1983）〕，可以得到不同置信度下的置信区间。利用置信区间的大小，确定大规模光伏电站接入电网引起的 AGC 备用容量需求。

　　根据上文分析，可以得到光伏发电的波动量主要集中在 5min。采用滚动平均法，分离 5min 时间尺度下的分钟级光伏发电功率波动分量，并研究该时间尺度光伏发电功率波动分量的概率分布，进而实现对大规模光伏发电接入电网时的 AGC 备用容量预测。

　　滚动平均的时段拉长，持续变化的负荷分量变化区域平缓，分钟级的负荷分量的变化幅度增加，增加了系统对 AGC 调节的需求；反之，缩短滚动平均的时段长度，

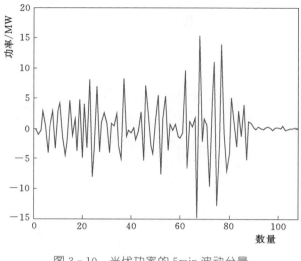

图 3-10　光伏功率的 5min 波动分量

则减轻系统对 AGC 条件的需求。因此，需要根据负荷的波动特性来选择滚动平均的时段长度。根据经验，滚动求平均的时段长度选择为 15min。以多云天气时，吉田格尔木的光伏发电功率数据为例，经过滚动平均法处理后，分离得到的 5min 波动分量如图 3-10 所示。

以光伏功率的 5min 波动分量数据为例，假设 5min 的光伏功率波动分量服从正态分布，采用最大似然估计法对该组数据的概率分布函数进行拟合，如图 3-11 所示。

拟合得到的对数自然函数值为 30.5645，说明拟合效果良好。拟合得到的位置参数、尺度参数和形状参数及其标准差见表 3-3。

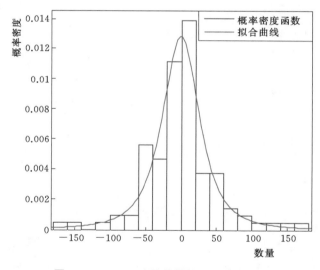

图 3-11　5min 波动分量的概率分布函数

表 3-3　　　　　　　　　　　　　拟　合　参　数

参数	拟合值	标准差
M	−0.0736357	0.299721
Σ	2.50427	0.438268
Y	2.18499	0.7444

根据拟合参数值，查阅 t 分布的统计分布数值表［《统计分布数值表　t 分布》（GB 4086.3—1983）］，可以得到：在置信度为 90%，其 5min 的波动分量为 ±7.3125MW；即（—0.325，0.325）的幅值区间可以以 90% 的概率覆盖该光伏阵列功率 5min 级的波动分量，将其作为因这个光伏阵列并网引发的 AGC 容量需求。

3.2　清洁能源理论发电能力评估

由于缺少风电、光伏发电的理论功率，在电网运行限制风电、光伏功率时段，各风电场和光伏电站不能准确提供弃风、弃光电量。风电、光伏理论发电能力评估是电网调度机构合理评估电网弃风、弃光，以及开展清洁能源发电优化调度运行工作的基础，同时也是开展多电源联合优化调度评价、研发联合优化调度系统的理论基础之一，在当前我国限电越来越严重的情况之下，研究理论发电能力评估的意义不言而喻。

3.2.1　风电理论发电能力评估

3.2.1.1　特征风机法

1. 方法研究

目前最常用的风电场发电能力评估方法为特征风机法。特征风机法是根据风电场内所选定的不受限出力等因素影响的特征风机得到风电场实际功率的波动特性，然后通过容量的线性外推得到实际功率的水平，最终实现理论功率的计算。

（1）特征风机选定。基于特征风机的理论功率计算首先需选定风电场的特征风机，其选定规则需考虑：特征风机需提供连续、正常的功率输出值，因而特征风机需性能良好，运行稳定，故障相对较少；需考虑风电场的区域分布和地形环境；不同类型的风电机组特性各异，因而需考虑风电机组的类型；综合考虑风电场不同风向的尾流效应等。

（2）特征风机数据校验。由于特征风机功率数据中必然存在停机检修、故障以及限功率等非正常数据，因而需对特征风机数据进行校验。对于含调度控制指令和风电场运行记录的风电场，可根据记录剔除特征风机相应的非正常数据，但由于风电场管理运行方式的不同，调度指令和运行记录必然存在不完整的情况，此时可通过风速-功率关系进行校验，单机功率-风速关系即为风电机组的功率曲线，只是实际关系中功率按数据带分布，因而可检查各风速水平下功率值的二阶中心距，当某一功率值的二阶中心距大于正常值时即认为功率数据异常，从而实现特征风机数据的校验。

如果某一功率 p_{kj} 与该风速水平下平均功率取值 $\overline{p}_j$ 的二阶距大于设定阈值 T，则认为该数据检验不合格，即

$$(p_{kj} - \overline{p}_j)^2 > T \qquad (3-2)$$

其中

$$\overline{p}_j = \frac{\sum\limits_{k=1}^{n} p_{kj}}{n} \qquad (3-3)$$

（3）特征风机非正常功率数据修正。如果非正常功率数据段对应的机头风速数据正常，可通过非参数回归方法、局部线性化均值计算等方法得到特征风机的实际功率曲线，进而通过输入机头风速得到修正后的风电机组理论功率。非参数回归方法计算实际功率曲线是以正常的风速-功率数据对作为样本数据，采用非参数回归方法拟合得到实际的功率曲线，为了使拟合出的功率曲线尽可能地接近实际情况，根据样本情况可按照不同的风向和气压分别进行拟合。非参数回归方法为

$$p_{ijt} = \frac{\sum\limits_{k=1}^{n} K\left(\dfrac{v_{ijt} - v_{ijk}}{h_{ij}}\right) p_{ijk}}{\sum\limits_{k=1}^{n} K\left(\dfrac{v_{ijt} - v_{ijk}}{h_{ij}}\right)} \qquad (3-4)$$

式中　　p_{ijt}——t 时刻恢复后的理论功率；

v_{ijt}——限电时段内的风速；

v_{ijk}、p_{ijk}——划分后的样本风速和功率，v_{ijt} 与 v_{ijk} 互斥；

n——样本个数。

该方法能够直接得到风速与理论功率的计算公式，易于理解，且能处理连续的风速输入，但需要较多的样本数据。

局部线性化均值计算方法是将非线性的风电机组功率曲线通过风速的水平划分，转化为局部的线性化，然后通过计算风速区间内的实际功率均值，得到相应风速的功率值，对于风速区间外的风速取值，采用插值的方法确定。

（4）未修正非正常功率数据处理。对于无法修正的功率数据，如果仅为个别离散点，可采用插值的方法进行填补；如果为连续的多持续数据，只能进行剔除，同时扣除相应的特征风机容量，修改对应的线性外推比例。

（5）将正确的特征风机实际功率水平线性外推至全场装机容量水平，此结果即为风电场的理论功率。

2. 建模过程与算例分析

选取多类型风电场，对各风电场发电能力计算方法进行算例分析与方法比较。以青海某风电场为例，介绍不同的建模方法以及不同方法的计算精度。风电场所在区域地形平坦，共有风电机组 25 台，单机容量 2MW，总装机容量 50MW，轮毂高度 80m，测风塔与风电机组距离 1.3～4.2km，风电场布局图如图 3-12 所示。

基于特征风机的理论功率计算步骤如下：

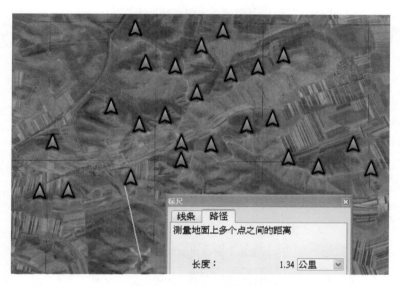

图 3 - 12　风电场布局图

（1）选择特征风机。在 25 台风电机组中，选择 2 台风电机组作为特征风机。

（2）数据校验与修正。对于特征风机的功率数据进行数据校验与偏差数据的修正。

（3）计算理论功率。对应每个数据时刻，累加特征风机的功率，再按照装机容量等比例计算全风场功率。

根据特征风机计算的风电场理论功率与实际功率的时间序列如图 3 - 13 所示，基于实际功率对理论功率进行误差分析，误差评价指标采用均方根误差，误差统计时段为 2014 年 1 月 1 日—2014 年 8 月 31 日，共 8 个月。

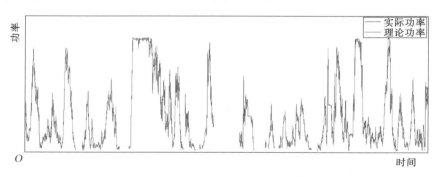

图 3 - 13　风电场理论功率与实际功率时间序列

由于理论功率常用于清洁能源受限电量计算，因而也对基于理论功率计算得到的理论电量偏差进行了统计。基于特征风机法计算的理论功率与实际功率的均方根误差、理论电量与实际电量的相对偏差统计见表 3 - 4 和表 3 - 5。

表 3－4 理论功率均方根误差统计 %

分析时段	相关性系数	均方根误差
2014 年 1 月	96.65	3.86
2014 年 2 月	97.77	3.99
2014 年 3 月	96.91	4.85
2014 年 4 月	98.38	5.02
2014 年 5 月	97.19	6.54
2014 年 6 月	95.41	7.18
2014 年 7 月	96.64	6.67
2014 年 8 月	97.25	7.02
合　计	97.07	5.87

表 3－5 理论电量相对偏差统计

分析时段	实际电量 /(MW·h)	理论电量 /(MW·h)	电量偏差 /(MW·h)	电量偏差比例 /%
2014 年 1 月	11322	12267	945	8.35
2014 年 2 月	32498	33373	875	2.69
2014 年 3 月	43660	45108	1448	3.32
2014 年 4 月	37722	37775	53	0.14
2014 年 5 月	49059	45680	−3379	−6.89
2014 年 6 月	44176	40848	−3328	−7.53
2014 年 7 月	49811	47783	−2028	−4.07
2014 年 8 月	43012	40601	−2411	−5.61
合　计	311260	303435	−7825	−2.51

3.2.1.2　基于测风塔数据的理论功率计算方法

1. 方法研究

基于测风塔数据的理论功率计算是以风电场附近的测风塔的风速为输入数据，综合考虑风电场所处区域的地形、粗糙度变化情况，结合风电场布局，建立风电场数字化模型，采用微观气象学理论将测风塔风速外推至每台风电机组轮毂高度处，结合风电机组功率曲线得到单机理论功率，全场累加得到全场理论功率。具体计算流程如下：

（1）计算空气密度。空气密度可根据实测气温及气压计算得到，平均空气密度可根据逐点空气密度平均得到，即

$$\rho_i = \frac{B_i}{RT_i} \tag{3-5}$$

$$\overline{\rho} = \frac{1}{N} \sum_{i=1}^{n} \rho_i \tag{3-6}$$

式中　ρ_i——瞬时平均空气密度；

B_i——瞬时气压；

R——气体常数，取 $287.05\mathrm{J/(kg \cdot K)}$；

T_i——平均气温；

N——样本个数；

$\bar{\rho}$——平均空气密度。

（2）功率曲线的修正。风电机组功率曲线在应用前应经过校验和修正。若风电机组的功率特性曲线经过实验验证，且实测空气密度在 $(1.225 \pm 0.05)\mathrm{kg/m^3}$ 范围内，功率曲线无需校正；若在此范围以外，则功率曲线需根据以下方法进行校正：

对于失速控制、具有恒定桨矩和转速的风电机组，校正功率曲线计算公式为

$$P_{校正} = P_0 \frac{\bar{\rho}}{\rho_0} \tag{3-7}$$

对于功率自动控制的风电机组，校正功率曲线计算公式为

$$u_{校正} = u_0 \left(\frac{\rho_0}{\bar{\rho}}\right)^{1/3} \tag{3-8}$$

式中　$P_{校正}$——折算后的功率；

P_0——理论功率曲线对应的功率；

ρ_0——标准空气密度；

u_0——折算前的风速；

$u_{校正}$——折算后的风速；

$\bar{\rho}$——实测平均空气密度。

（3）功率曲线的拟合。若风电机组的功率曲线未经过实验验证，需根据风电机组的机舱风速及单机功率进行拟合。参与拟合的样本数据应根据机组运行日志剔除机组故障、人为限制功率、测风设备故障等时段的数据，风速及功率数据宜采用 5min 平均值，且数据长度应不少于 3 个月。

拟合的功率曲线采用机舱平均风速及单机平均功率，根据 bin 方法进行处理，采用 0.5m/s bin 宽度为一组，利用每个风速 bin 所对应的功率值计算得出，即

$$P_i = \frac{1}{N_i} \sum_{j=1}^{N_i} P_{i,j} \tag{3-9}$$

$$u_i = \frac{1}{N_i} \sum_{j=1}^{N_i} u_{i,j} \tag{3-10}$$

式中　P_i——第 i 个 bin 的平均功率值；

$P_{i,j}$——第 i 个 bin 的 j 数据组的功率值；

u_i——第 i 个 bin 的平均风速值；

$u_{i,j}$——第 i 个 bin 的 j 数据组的风速值；

N_i——第 i 个 bin 的 5min 数据组的数据数量。

（4）理论功率计算。综合考虑风电场所处区域的地形、粗糙度变化情况，结合风电场布局，建立风电场数字化模型；采用微观气象学理论或计算流体力学的方法，将测风塔风速外推至每台风电机组轮毂高度处，建立各风向扇区的风速转化函数，即

$$u_{外推} = f(u_{测风塔}, k_1, k_2, \cdots, k_n) \tag{3-11}$$

式中　　　$u_{外推}$——由测风塔外推至风电机组轮毂高度处的风速；

　　　　　$u_{测风塔}$——测风塔实测风速；

k_1，k_2，$\cdots$，k_n——影响因子（如地形、粗糙度、尾流效应等）；

　　　　　f——转化函数。

如果风电场的机舱风速数据条件较好，本方法还可利用同期的机舱风速进行校验与修正；此外，如果能够利用正常时段的功率数据进行回归修正，还可进一步提高计算精度。以修正后风速为基础，结合经校正或拟合的功率曲线，计算得到单机的理论功率；所有风电机组理论功率累加，得到风电场的理论功率。

2. 建模过程与算例分析

基于测风塔数据的理论功率计算步骤如下：

（1）计算风电机组轮毂处风速。采用线性解析化方法或 CFD 方法，对测风塔与周边区域（覆盖目标风电机组）建立数字化模型，将测风塔风速推算到目标风电机组轮毂高度处。

（2）计算单机理论功率。根据风电机组轮毂高度处的风速，结合风电机组功率曲线，计算得到单台风电机组的理论功率。

（3）计算全场理论功率。累加单机功率得到全场功率。

针对基于测风塔数据计算理论功率的方法进行算例分析，选取同前述特征风机法相同的风电场、计算时段与误差统计指标。基于测风塔数据外推法计算的理论功率与实际功率的均方根误差、理论电量与实际电量的相对偏差统计见表 3-6 和表 3-7。

表 3-6　　　　　　　　　　理论功率均方根误差统计　　　　　　　　　　％

分析时段	相关性系数	均方根误差
2014 年 1 月	98.99	2.00
2014 年 2 月	98.94	2.85
2014 年 3 月	98.72	3.38
2014 年 4 月	99.29	3.39
2014 年 5 月	98.52	4.66
2014 年 6 月	98.94	3.41
2014 年 7 月	99.00	3.71
2014 年 8 月	98.77	4.80
合　计	98.72	4.36

表 3 - 7   理论电量相对偏差统计

分析时段	实际电量 /(MW·h)	理论电量 /(MW·h)	电量偏差 /(MW·h)	电量偏差比例 /%
2014 年 1 月	20646	20690	44	0.21
2014 年 2 月	32072	32547	475	1.48
2014 年 3 月	43399	45081	1682	3.88
2014 年 4 月	37340	37155	−185	−0.50
2014 年 5 月	48740	48675	−65	−0.13
2014 年 6 月	40382	40449	67	0.17
2014 年 7 月	49670	49848	178	0.36
2014 年 8 月	42843	41494	−1349	−3.15
合　计	315092	315939	847	0.27

3.2.1.3　基于机舱风速计数据的理论功率计算方法

1. 方法研究

风电机组在非正常运行时段，其机舱尾部的风速计仍然正常运行，因而机舱风速计实时记录的风速数据可作为风电机组运行状态识别的依据。本节从仪器测量偏差、风电机组尾流波动性和风电机组开停机状态影响三个方面研究了机舱风速法识别与矫正风电机组功率的可靠性。

（1）仪器测量偏差的影响。机舱风速计最常见的是风杯式风速计，一般由 3～4 个半球形或抛物形空杯绕轴排列于支架上。研究结果显示，在稳定的风力作用下，风杯的转速与风速之间满足高度近似的线性关系，且风速越大，线性关系越明显。

（2）风电机组尾流波动性的影响。机舱风速计恰好位于风电机组尾流区域，因而也受到较强的波动性气流影响。然而，研究结果显示，机舱风速计最常采用的风杯式风速计能有效降低风速测量值的不稳定性，对风速波动有较好的平滑作用。机舱风速计及测风塔的风速测量值对比图如图 3 - 14 所示。

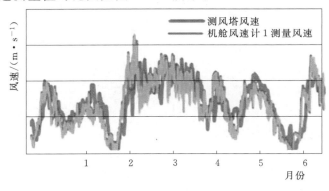

图 3 - 14　机舱风速计及测风塔的风速测量值对比图

（3）风电机组开停机状态的影响。一般认为风电机组运行状态下机舱风速计的测量值应小于停机状态，并小于来流风速。然而，实测数据经常出现开机状态下机舱风速不降反升的现象，与壁面效应有关。研究结果显示：分别提取开停机状态下的数据，绘制风速关系图，根据图中由散点拟合的直线即可得到换算关系。开停机状态下机舱风速与测风塔风速关系图如图 3-15 所示。

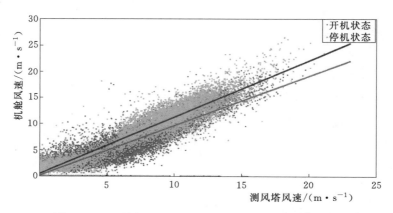

图 3-15　开停机状态下机舱风速与测风塔风速关系图

（4）功率曲线拟合效果分析。计算中采用的功率曲线需分段拟合，拟合公式为

$$p = \begin{cases} 0, & 0 \leqslant v_s < v_{in} \\ \dfrac{1}{2} s C_p \rho \pi R^2 v_s^3, & v_{in} \leqslant v_s < v_{rated} \\ p_{rated}, & v_{rated} \leqslant v_s < v_{out} \\ 0, & v_{out} \leqslant v_s \end{cases} \tag{3-12}$$

式中　v_{in}——切入风速；

　　v_{rated}——额定风速；

　　v_{out}——切出风速；

　　v_s——测量风速；

　　p_{rated}——额定输出功率。

拟合效果如图 3-16 所示。

本方法基于风电机组正常运行时段的机舱风速计测量数据与风电机组实际输出功率，建立两者的映射关系；在清洁能源受限电、故障停运等风电机组非正常运行时段，根据机舱风速计测量数据与该映射关系，计算风电机组的应有输出功率，即理论功率。累加风电机组理论功率可得到整个风电场的理论功率。

该方法的技术路线如图 3-17 所示。

该方法的建模过程如下：

（1）建立机舱风速功率曲线。选取风电机组正常运行时段，提取这些时段内的机

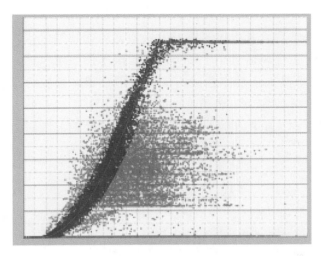

图 3-16　拟合效果图

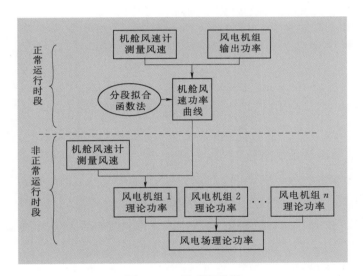

图 3-17　技术路线图

舱风速计测量数据、风电机组实际输出功率，并建立两者的映射关系，即功率曲线，功率曲线示意图如图 3-18 所示。

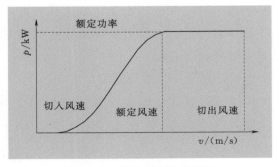

图 3-18　风电机组功率曲线

　　基于风速、功率数据，采用分段函数拟合得到功率曲线的数学表达式。该方法能够对全区段风速与功率的关系进行准确描述，不会产生由于插值或均值计算带来的误差。

　　功率曲线需分段拟合，其中风速爬坡阶段依据风能转换公式拟合，小于切入风速阶段采用 0 值，大于额定风速且小于切出风速阶段采用额定风速，大于切出风速采用 0 值，见式（3-12）。为保证功率曲线与实际情形一致，且较为平滑，前三段功率曲线的交接处需根据实际数据采用平滑曲线进行连接。

　　风能转换公式，即风电机组输出功率与风电机组叶轮上风向的风速满足：

$$p = \frac{1}{2} C_p \rho \pi R^2 v^3 \tag{3-13}$$

式中　p——风轮的输出功率；

　　　C_p——风能利用系数；

　　　ρ——空气密度；

　　　R——风轮半径；

　　　v——风速。

　　机舱风速计的测量风速为风电机组叶轮下风向风速，因而需要进行修正，风能转换公式变形为

$$p = \frac{1}{2} s C_p \rho \pi R^2 v_s^3 \tag{3-14}$$

式中　s——机舱风速修正系数；

　　　v_s——机舱风速计测量风速。

　　（2）计算非正常运行时段风电机组的理论功率。在风电机组非正常运行时段，根据机舱风速计测量数据与所得的映射关系，计算出风电机组的应有输出功率，也称风电机组理论功率。

　　由于风电机组尾流效应，风电机组正常运行时叶轮旋转对机舱风速计的测量值有一定影响，而风电机组停机时没有这一影响。因而，将基于风电机组正常运行时段建立的映射关系应用于非正常运行时段，还需对映射关系进行修正。由于机舱风速计的安装位置、机舱形状等差异，不同型号风电机组的修正参数也不相同，需要基于实测数据计算得到。

　　（3）计算非正常运行时段风电场的理论功率。风电场内某一时刻如有风电机组非正常运行，累加风电场内全部风电机组的理论功率，得到该时刻风电场的理论功率，即

$$P = \sum_{i=1}^{n} p_i \tag{3-15}$$

式中　　p_i——某一时刻风电机组的理论功率；

　　　　n——风电场内风电机组的台数；

　　　　P——该时刻风电场的理论功率。

2. 建模过程与算例分析

基于机舱风速数据的理论功率计算步骤如下：

（1）选取风电机组正常运行时段，提取这些时段内的机舱风速计测量数据、风电机组实际输出功率，建立二者的映射关系。

（2）基于风速、功率数据，采用分段函数拟合得到功率曲线的数学表达式。

（3）在风电机组非正常运行时段，根据机舱风速计测量数据与"机舱风速功率曲线"，计算出风电机组的应有输出功率，即理论功率。

（4）累加风电场内全部风电机组的理论功率，得到风电场的理论功率。

拟合功率曲线图如图 3-19 所示。

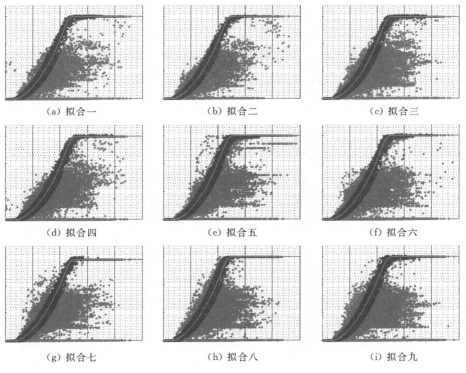

（a）拟合一　　　　　　（b）拟合二　　　　　　（c）拟合三

（d）拟合四　　　　　　（e）拟合五　　　　　　（f）拟合六

（g）拟合七　　　　　　（h）拟合八　　　　　　（i）拟合九

图 3-19　拟合功率曲线图

针对基于机舱风速计数据的理论功率计算方法进行算例分析，选取同特征风机法相同的风电场、计算时段与误差统计指标。基于机舱风速计数据计算的理论功率与实际功率的均方根误差、理论电量与实际电量的相对偏差统计见表 3-8 和表 3-9。

表 3 - 8　　　　　　　　　　　　　　　理论功率均方根误差统计　　　　　　　　　　　　　　　　　%

分析时段	相关性系数	均方根误差
2014 年 1 月	98.58	2.50
2014 年 2 月	98.57	3.35
2014 年 3 月	98.86	3.03
2014 年 4 月	99.56	3.02
2014 年 5 月	99.44	3.49
2014 年 6 月	98.28	4.49
2014 年 7 月	98.19	4.99
2014 年 8 月	98.51	5.23
合　计	98.80	4.21

表 3 - 9　　　　　　　　　　　　　　　　理论电量相对偏差统计

分析时段	实际电量 /(MW·h)	理论电量 /(MW·h)	电量偏差 /(MW·h)	电量偏差比例 /%
2014 年 1 月	21227	21752	525	2.47
2014 年 2 月	32498	32760	262	0.81
2014 年 3 月	43656	43903	247	0.57
2014 年 4 月	37720	37135	−585	−1.55
2014 年 5 月	49055	47690	−1365	−2.78
2014 年 6 月	44157	44332	175	0.40
2014 年 7 月	49810	49759	−51	−0.10
2014 年 8 月	43011	42319	−692	−1.61
合　计	321134	319650	−1484	−0.46

3.2.2　光伏理论发电能力评估

光伏理论发电能力评估能够为光伏发电功率预测模型建立、合理评估电网光伏发电弃光量以及清洁能源发电优化调度运行等提供理论依据。根据目标光伏电站所在网格内有无气象资源监测点，计算时有如下区别：①若目标光伏电站所在网格内有气象资源监测点，则该电站可直接使用该监测点的气象数据进行光伏发电能力评估；②若目标光伏电站所在网格内无资源监测点，可利用已有的全部资源监测点，通过气象监测点所在回算网格与目标光伏电站所在回算网格的关系，考虑距离的因素，建立目标光伏电站的气象资源计算模型为

$$IRV = \left(1 - \frac{L_2 + \cdots + L_n}{L_1 + L_2 + \cdots L_n}\right) \times \frac{IRH}{IRH_1} \times IR_{obs1} + \left(1 - \frac{L_1 + L_3 + \cdots + L_n}{L_1 + L_2 + \cdots + L_n}\right) \times \frac{IRH}{IRH_2} \times$$

$$IR_{obs2} + \cdots + \left(1 - \frac{L_1 + L_2 + \cdots + L_{n-1}}{L_1 + L_2 + \cdots + L_n}\right) \times \frac{IPV}{IPV_n} \times IV_n \tag{3-16}$$

式中　　　　　IRH——目标光伏电站回算网格的历史气象要素值；

IRH_1、IRH_2——资源监测点所在回算网格的历史气象要素值；

IRV——目标光伏电站的虚拟气象要素观测值；

IR_{obs1}、IR_{obs2}——资源监测点的气象要素监测值；

L_1，L_2，…，L_n——资源监测点与目标光伏电站的直线距离。

基于回算历史资料的计算示意图如图 3-20 所示。

基于气象监测数据，采用物理方法将实测水平面辐照强度转换为光伏组件斜面辐照强度，将环境温度转换为板面温度，综合考虑光伏电站的位置、不同光伏组件的特性及安装方式等因素，建立光伏电池的光电转换模型，结合光伏电站的自回归修正数学模型，得到光伏电站的理论功率。

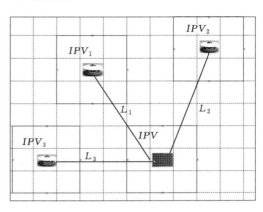

图 3-20　基于回算历史资料的计算示意图

基于物理方法的光伏电站理论功率计算主要包括：气象监测数据的转化、光伏组件输出的直流功率计算、光伏电站并网点的交流功率计算和参数定期校正四个步骤。

（1）气象监测数据的转化。根据气象监测设备在计算时间内的实测水平辐照强度和环境温度，将水平辐照强度转化为光伏组件斜面的有效辐照强度，计算公式为

$$G_e = G_{dn}\cos\theta_i + G_{dif}\left(\frac{1+\cos Z'}{2}\right) + \rho G_t\left(\frac{1-\cos Z'}{2}\right) \tag{3-17}$$

式中　G_e——光伏组件斜面的有效辐照强度；

G_{dn}——气象监测设备测量的直射辐照强度；

G_{dif}——气象监测设备测量的散射辐照强度；

G_t——气象监测设备测量的总辐照强度；

Z'——光伏组件倾角；

θ_i——太阳入射角；

ρ——地面反射系数。

将环境温度转化为光伏组件的板面温度，计算公式为

$$T_m = T_a + KG_e \tag{3-18}$$

式中　T_m——光伏组件的板面温度；

T_a——环境温度；

G_e——光伏组件斜面的有效辐照强度；

K——温度修正系数。

每年通过采集实际运行数据，利用自回归的方法对 K 值进行修正。

（2）光伏组件输出的直流功率计算。根据光伏组件标准工况下的设备参数，计算当前气象条件下组件的最佳输出电流 I_{MPP} 和最佳输出电压 U_{MPP}，即

$$I_{MPP} = I_{mref} \frac{G_e}{G_{ref}}(1 + a\Delta T) \tag{3-19}$$

$$U_{MPP} = U_{mref} \ln(e + b\Delta G)(1 - c\Delta T) \tag{3-20}$$

式中 G_{ref}——标准太阳辐照强度，取 $1000 \text{W}/\text{m}^2$；

I_{mref}——光伏组件在标准工况下的最佳输出电流；

U_{mref}——光伏组件在标准工况下的最佳输出电压；

ΔG——实际的辐照强度与标准辐照强度的差，$\Delta G = G_e - G_{ref}$；

ΔT——实际组件温度与标准组件温度的差，$\Delta T = T_m - T_{ref}$；

a、b、c——补偿系数，根据光伏组件实验数据进行拟合得到，并根据实测数据定期修正。

计算光伏组件的直流输出功率 P_{dc} 为

$$P_{dc} = U_{MPP} I_{MPP} \tag{3-21}$$

（3）光伏电站并网点的交流功率计算。综合考虑光伏组件的有效数量、光伏组件的老化、光伏组件的失配损失、光伏组件表面的尘埃遮挡、光伏电池板至并网点的线路传输及站用电损失、逆变器效率等因素，得到光伏电站并网点的交流功率 P_{ac} 为

$$P_{ac} = nP_{dc}K_1 K_2 K_3 K_4 \eta_{inv} \tag{3-22}$$

其中 $K_1 = 1 - k y_a$

式中 n——发电运行的光伏组件有效数量；

P_{dc}——光伏组件的直流输出功率；

K_1——光伏组件老化损失系数，无量纲，每年按照一定比例递减；

K_2——光伏组件失配损失系数，无量纲；

K_3——尘埃遮挡损失系数，无量纲；

K_4——线路传输及站用电损失系数，无量纲；

η_{inv}——并网逆变器效率，无量纲，采用欧洲标准 EN50530 进行等效，每年通过采集实际运行数据，利用自回归的方法对 K_1、K_2、K_3 和 K_4 进行修正；

y_a——不同光伏电池材料年衰减率，以光伏电池制造厂家提供的相关衰减率参数为依据；

k——并网光伏电站投入使用的年数。

（4）参数定期校正。基于最小二乘线性回归方法，每年采用非受控时段的光伏电站历史数据对理论功率计算参数值进行校正。

基于有限资源监测点，利用物理方法，对某地区某光伏电站进行理论功率计算，该光伏电站的装机容量为1MW，以未来一段时间的实际功率进行对比，计算准确性见表3-10。

表3-10 光伏电站理论功率的计算准确性

测试样本时段	绝对误差	均方根误差	相关性系数	误差小于20%比例
2014年7月1日—2015年4月30日	0.0282	0.0327	0.972	0.975

图3-21是光伏电站在功率波动不大情况下的实际功率与理论功率的曲线图，光伏电站在该日的功率波动较小，理论功率计算值的准确性很高。

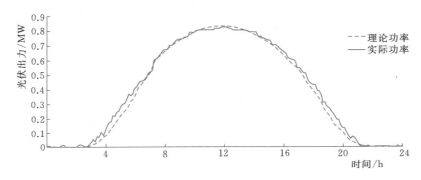

图3-21 功率波动不大情况下的理论功率和实际功率

图3-22是光伏电站在功率波动较大情况下的实际功率与理论功率的曲线图，光伏电站在该日的功率波动较为剧烈，基于物理方法，理论功率计算值基本可以准确地跟踪功率波动，具有较高的可靠性。

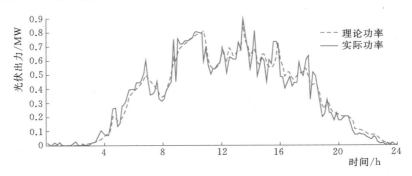

图3-22 功率波动较大情况下的理论功率和实际功率

3.3 清洁能源发电系统运行风险评估模型

在系统运行过程中，清洁能源功率的不确定性对系统安全的影响主要表现在引起线路潮流过载、节点电压越限以及频率越限的静态安全约束方面，风险评估方法也主要侧重于这三个方面。基于概率潮流的计算结果，可以直接获得线路潮流、节点电压和平衡机组发电计划偏差的概率分布情况。其中，平衡机组发电计划偏差直接体现了系统调频的困难程度，当偏差超过系统允许的范围时，将导致系统频率的越限，所以可以采用平衡机组功率的计划偏差情况来体现系统频率越限的风险。若要对系统风险进行准确建模，除概率分布情况外，还需建立潮流越限、电压越限和平衡机组发电计划偏差的后果严重度模型。

3.3.1 后果严重度模型

由于后果严重度很难量化，因此目前大多数研究都采用自定义的严重程度函数。线性函数通常用来描述严重程度，然而用线性函数表示的风险模型不能很好地比较小概率、高越限与大概率、低越限之间的差异。例如在电力系统风险评估中，一个发生概率为 1%、越限程度为 10% 的事件与一个发生概率为 0.1%、越限程度为 100% 的事件具有相同的风险值。然而从调度运行人员的角度来看，后者更应该受到重视，因此在建立后果严重度模型时必须考虑这一特点。采用风险趋向型的效用函数来构建后果严重程度模型，其表达式为

$$u(\omega) = \frac{e^{a(\omega+b)} - 1}{c} \tag{3-23}$$

式中 a、b、c——非负常数；

　　　ω——自定义的越限损失值。

其中，线路 i 潮流越限的损失值 ω_L 定义为

$$\omega_L(L_i) = \begin{cases} \dfrac{L_i^{max} - L_i}{L_i^{max}}, & L_i < -L_i^{max} \\ 0, & -L_i^{max} \leqslant L_i \leqslant L_i^{max} \\ \dfrac{L_i - L_i^{max}}{L_i^{max}}, & L_i > L_i^{max} \end{cases} \tag{3-24}$$

式中 L_i——支路 i 的实际输送功率；

　　　L_i^{max}——支路 i 的传输极限。

由式（3-24）可知，当线路潮流不越限时，损失值为 0；当线路潮流越限时，损失值为其越限的百分比。

定义线路 i 潮流越限严重度模型为

$$Sev(L_i) = \frac{e^{a_L[\omega_L(L_i)+b_L]} - 1}{c_L} \tag{3-25}$$

由式（3-25）可知，线路潮流越限的严重程度关于越限损失值的一阶导数和二阶导数均大于 0，这表示随着越限程度的增加，调度人员的不满意程度及其变化速率

均增加，这充分体现了调度人员对故障后果的心理承受能力，符合电力系统实际运行情况。

同理，节点 i 电压越限的损失值 ω_V 定义为

$$\omega_V(U_i) = \begin{cases} \dfrac{U_i^{\min} - U_i}{U}, & U_i < U_i^{\min} \\ 0, & U_i^{\min} \leqslant U_i \leqslant U_i^{\max} \\ \dfrac{U_i - U_i^{\max}}{U}, & U_i > U_i^{\max} \end{cases} \tag{3-26}$$

式中 U_i——节点 i 的实际电压；

$U_i^{\min}$、$U_i^{\max}$——节点 i 的电压下限和上限；

U——系统的标准电压。

定义节点 i 的电压越限严重度模型为

$$\text{Sev}(U_i) = \frac{e^{a_u[\omega_V(U_i) + b_u]} - 1}{c_u} \tag{3-27}$$

平衡机组发电计划偏差的越限损失值 ω_P 定义为

$$\omega_P(P_s) = \begin{cases} \dfrac{P^{\max} - P_s}{P^{\max}}, & P_s < -P^{\max} \\ 0, & -P^{\max} \leqslant P_s \leqslant P^{\max} \\ \dfrac{P_s - P^{\max}}{P^{\max}}, & P_s > P^{\max} \end{cases} \tag{3-28}$$

式中 P_s——平衡机组功率的计划偏差；

$P^{\max}$——允许系统总功率偏差的上限值。

定义平衡机组发电计划偏差的严重度模型为

$$\text{Sev}(P_s) = \frac{e^{a_p[\omega_P(P_s) + b_p]} - 1}{c_p} \tag{3-29}$$

3.3.2　风险评估模型

在已知严重度模型的条件下，可分别写出每条线路的潮流越限风险模型、每个节点的电压越限风险模型，以及平衡机组发电计划偏差风险模型，将它们进行综合即可得到含大规模风电并网的系统运行风险评估模型，即

$$\text{Risk} = \sum_{i \in N_L} C_i^L \sum \text{Pr}(L_i)\text{Sev}(L_i) + \sum_{i \in N_U} C_i^U \sum \text{Pr}(U_i)\text{Sev}(U_i) + C^P \sum \text{Pr}(P_s)\text{Sev}(P_s)$$

$$\tag{3-30}$$

式中 N_L、N_U——系统内线路和节点的数量；

C_i^L——线路 i 的潮流越限风险权重；

C_i^U——节点 i 的电压越限风险权重;

C^P——平衡机组发电计划偏差风险权重。

3.3.3 风险等级评判指标

1. 线路潮流越限风险等级评判指标

计算各个断面 AGC 机组实际功率总和,存入 output (i),计算正在运行的 AGC 机组功率上限总和,并赋值给 c_up (i)。计算正在运行的 AGC 机组功率下限总和,并赋值给 c_down (i)。

选择 1min、5min 和 15min 3 挡来展示调频风险。1min 爬坡值为 AGC 机组每分钟的调节速度×1min;5min 爬坡值为 AGC 机组每分钟的调节速度×5min;15min 爬坡值为 AGC 机组每分钟的调节速度×15min。

系统 1min 正调频备用容量 R(i)+=min{[c_up(i)−output(i)],sum(1min 爬坡值)};系统 1min 负调频备用容量 R(i)−=min{[output(i)− c_down(i)],sum(1min 爬坡值)}。5min 和 15min 正负调频备用容量的求解方法与 1min 正负调频备用容量求解方法相同。

在等效负荷的基础上,上浮 R(i)+,得到调频上限,下浮 R(i)−,得到调频下限。调频备用容量越大,潮流越限风险等级越低;反之,潮流越限风险等级越高。

2. 节点电压越限风险等级评判指标

计算节点电压距离阈值的裕度。根据裕度的大小区分风险为紧急、次紧急和正常。

3.4 清洁能源发电场景构造方法

3.4.1 基于 Nataf 变换的相关性处理方法

理论上,若已知输入随机变量间的联合概率分布函数,就能够完整、唯一地描述随机变量间的相关性关系。然而,在工程实际中,随机变量间的联合概率分布是很难获得的。一般情况下,随机变量的边缘分布往往更容易获得,例如每个清洁能源电站的功率概率预测结果。同时,随机变量间的相关性可用相关系数矩阵来描述。假设 n 个输入随机变量 X_1,X_2,$\cdots$,X_n 的相关系数矩阵 C_X 为

$$C_X = \begin{bmatrix} 1 & \rho_{12}^x & \cdots & \rho_{1n}^x \\ \rho_{21}^x & 1 & \cdots & \rho_{2n}^x \\ \vdots & \vdots & \ddots & \vdots \\ \rho_{n1}^x & \rho_{n2}^x & \cdots & 1 \end{bmatrix}, \rho_{ij}^x = \frac{\mathrm{cov}(X_i, X_j)}{\sigma_i^x \sigma_j^x} \tag{3-31}$$

式中 σ_i^x、σ_j^x——随机变量 X_i 和 X_j 的标准差；

$\mathrm{cov}(X_i，X_j)$ ——随机变量 X_i 和 X_j 的协方差。

当随机变量相互独立时，即 $\boldsymbol{C}_X$ 中每一项 ρ_{ij}^x 均为 0，在得到采样矩阵 $\boldsymbol{X}_{nN}$ 后，可以采用 Gram - Schmidt 序列正交化等方法对采样矩阵进行处理，以得到相互独立的 N 个场景；当随机变量不是相互独立时，可以采用 Nataf 变换方法对采样矩阵进行排序，以得到具有相关性的 n 个场景。

然而，采用该方法进行考虑相关性场景的构造是非常耗时的，尤其当随机变量个数较多时，场景构造所需时间无法满足工程实际对计算速度的要求，需要利用 LHS 分层采样的特点来缩短场景构造的时间。

3.4.2   顺序矩阵的提取方法

实际上，由于 $\varPhi$ 和 F 都为递增函数，且 F^{-1} 也为递增函数，因此，场景矩阵 $\boldsymbol{Z}_{nN}'$ 相对于 LHS 采样矩阵 $\boldsymbol{Z}_{nN}$ 的排序顺序，与场景矩阵 $\boldsymbol{X}_{nN}'$ 相对于 LHS 采样矩阵 $\boldsymbol{X}_{nN}$ 的排序顺序完全相同。若从场景矩阵 $\boldsymbol{Z}_{nN}'$ 中提取出表征 LHS 采样值排列位置的顺序矩阵，则可根据该顺序矩阵对 LHS 采样矩阵 $\boldsymbol{X}_{nN}$ 进行排序，获得场景矩阵 $\boldsymbol{X}_{nN}'$，从而省去了进行 $\boldsymbol{Z}_{nN}'$ 到 $\boldsymbol{X}_{nN}'$ 的反变换过程。其中，顺序矩阵是一个 $n \times N$ 的整数矩阵，其每一行均为 $1 \sim N$ 的一种排列，代表的是某一个随机变量 N 个采样值的排列位置。例如，设顺序矩阵为

$$\boldsymbol{L}_{nN} = \begin{bmatrix} 1 & 2 & 3 & \cdots & N-3 & N-2 & N-1 & N \\ \vdots & \vdots & \vdots & \ddots & \vdots & \vdots & \vdots & \vdots \\ N-3 & 6 & N & \cdots & 1 & N-1 & 13 & 2 \end{bmatrix} \tag{3-32}$$

用 $\boldsymbol{L}_{nN}$ 对 $\boldsymbol{X}_{nN}$ 进行排序，即可获得场景矩阵为

$$\boldsymbol{X}_{nN}' = \begin{bmatrix} x_{11} & x_{12} & x_{13} & \cdots & x_{1(N-3)} & x_{1(N-2)} & x_{1(N-1)} & x_{1N} \\ \vdots & \vdots & \vdots & \ddots & \vdots & \vdots & \vdots & \vdots \\ x_{n(N-3)} & x_{n6} & x_{nN} & \cdots & x_{n1} & x_{n(N-1)} & x_{n13} & x_{n2} \end{bmatrix} \tag{3-33}$$

3.5   清洁能源发电运行风险评估方法

在对含大规模清洁能源并网的电力系统进行风险评估时，需要考虑清洁能源电站输出功率的相关性，以保证评估结果的准确性。本节采用 3.2 节的方法来构造考虑相关性的清洁能源电站功率场景，并基于这些场景采用概率潮流计算来对系统进行风险评估，以使评估结果更加符合实际。然而，由于构造出的场景数量较多，对所有场景都进行潮流计算是非常耗时的。实际上，在所构造的清洁能源电站功率场景中，有相当比例的场景为安全场景。在安全场景时，系统运行是安全的，即各越限损失值均为

0。在对系统进行风险评估时，忽略安全场景将不会影响最终的风险评估结果，但却可以节省大量的时间。为此，提出一种基于系统运行静态安全域的风险评估方法，避免对大量不引起风险的安全场景进行冗余计算，提高风险评估的速度。

3.5.1 清洁能源发电空间与静态安全域

对于给定的电力系统，传统的静态安全域定义为系统各节点注入功率空间上可满足潮流方程 $f(x)=y$ 和约束条件 $g(x)\leqslant 0$ 的全部 y 点的集合。其中，x 表示母线电压幅值向量和相角向量，y 表示节点的有功功率和无功功率注入向量。

在对含大规模清洁能源并网的电力系统进行风险评估时，由于常规机组的发电计划已经确定，负荷预测的误差相比清洁能源功率预测误差小很多，也可将其近似为确定值。因此，系统各节点注入功率空间也可等效为清洁能源发电空间。此外，目前清洁能源发电机组普遍采用恒功率因数控制方式，即清洁能源发电机组的无功功率输出由其有功功率输出唯一确定。因此，在清洁能源发电空间中，仅关注有功功率即可。根据清洁能源功率的概率预测结果进行场景构造时，所有的场景将均位于清洁能源发电空间中。例如，若某电力系统接入 2 个清洁能源电站，t 时刻它们在某置信水平下的功率预测范围为 10～60MW 和 20～50MW，则 t 时刻构造出的所有清洁能源电站功率场景都在该矩形空间内。显然，当系统内接入 n 个清洁能源电站时，清洁能源发电空间将是一个 n 维的凸多面体。2 个清洁能源电站的清洁能源发电空间如图 3-23 所示。

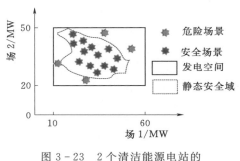

图 3-23　2 个清洁能源电站的
清洁能源发电空间

在采用所构造的清洁能源电站功率场景对系统进行风险评估时，如果某场景引起了系统的运行风险，即至少一个越限损失值不为 0，则称该场景为危险场景。此外，清洁能源发电空间中的静态安全域可定义为一个不包含危险场景的区域。由其定义可知，当静态安全域中任意一个清洁能源电站功率场景发生时，系统运行都将是安全的。

3.5.2 危险场景的查找

如前所述，采用已构造的清洁能源电站功率场景对电力系统进行风险评估时，需要对所有引起风险的危险场景进行潮流计算，以获得准确的风险评估结果，同时避免对不引起风险的安全场景进行潮流计算，以加快风险评估的速度。

由静态安全域的定义可知，若某场景为引起风险的危险场景，则它一定不在系统运行的静态安全域内，同时可以推理，该场景周边的较小范围也不在静态安全域内，即与它空间相邻的场景也极有可能是引起风险的危险场景。基于该假设，当发现新的危险场景时，可以对其一定空间距离范围内的未评估场景进行风险评估，以遍历所有危险场景，得到准确的评估结果。其中，场景 i（P_1^i，P_2^i，…，P_n^i）与场景 j（P_1^j，P_2^j，…，P_n^j）的空间距离计算公式为

$$D_{ij} = \sqrt{(P_1^i - P_1^j)^2 + (P_2^i - P_2^j)^2 + \cdots + (P_n^i - P_n^j)^2} \qquad (3-34)$$

通过空间距离的计算，即可得到与危险场景较近的相邻场景。在对这些相邻场景进行风险评估时，若发现新的危险场景，则继续对新危险场景的相邻场景进行风险评估，直到没有新的危险场景出现为止。如果初始的危险场景具有代表性，则以这些危险场景为中心，持续向周边查找新的危险场景，就可以遍历清洁能源发电空间中所有危险场景。最后，将未评估的场景视为安全场景，并进行结果统计，最终给出风险评估的结果，从而省去了对大量安全场景的冗余计算。

但该方法应用的前提是初始的危险场景必须具有代表性，可以表征系统运行静态安全域以外不同方向的清洁能源电站功率场景。对于所构造的清洁能源电站功率场景，采用极值场景作为用于风险评估的初始场景。其中，极值场景定义为含任何一个清洁能源电站功率极值的场景。

如前所述，考虑相关性的清洁能源电站功率场景是通过顺序矩阵对 LHS 采样矩阵进行排序来构造完成的。因为顺序矩阵标注出了场景中每个清洁能源电站功率值的大小顺序，因此，当场景构造完成后，极值场景可以借助顺序矩阵快速地从所有场景中挑选出来，即顺序矩阵每一个含 1 或 N 的列所对应的场景。例如，对于顺序矩阵 $\boldsymbol{L_{nN}}$，当挑选包含清洁能源电站 X_1 和 X_n 的极值场景时，可以得到如图 3-24 所示的四个极值场景。

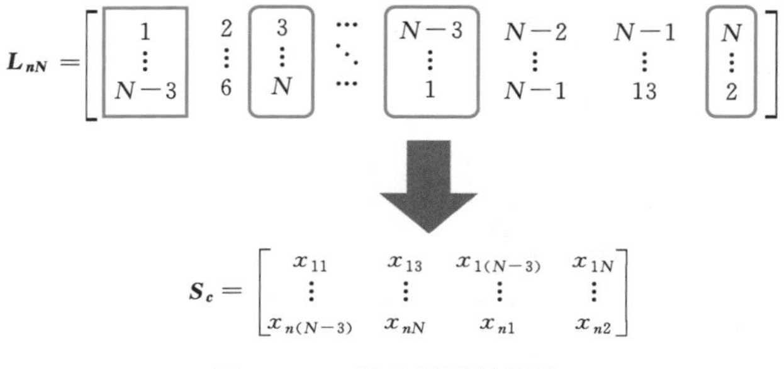

$$\boldsymbol{L_{nN}} = \begin{bmatrix} \boxed{\begin{matrix} 1 \\ \vdots \\ N-3 \end{matrix}} & \begin{matrix} 2 \\ \vdots \\ 6 \end{matrix} & \boxed{\begin{matrix} 3 \\ \vdots \\ N \end{matrix}} & \cdots & \boxed{\begin{matrix} N-3 \\ \vdots \\ 1 \end{matrix}} & \begin{matrix} N-2 \\ \vdots \\ N-1 \end{matrix} & \begin{matrix} N-1 \\ \vdots \\ 13 \end{matrix} & \boxed{\begin{matrix} N \\ \vdots \\ 2 \end{matrix}} \end{bmatrix}$$

$$\boldsymbol{S_c} = \begin{bmatrix} x_{11} & x_{13} & x_{1(N-3)} & x_{1N} \\ \vdots & \vdots & \vdots & \vdots \\ x_{n(N-3)} & x_{nN} & x_{n1} & x_{n2} \end{bmatrix}$$

图 3-24 极值场景的选取

因为每个极值场景都包含了至少一个清洁能源电站功率的极值，所以它们构成了所有场景在清洁能源发电空间中的几何顶点。无论系统运行静态安全域在清洁能源发电空间中处于什么位置，极值场景都可以表征出在静态安全域以外不同方向上的清洁能源电站功率场景，因此可以将极值场景作为初始场景，对电力系统进行风险预评估。若预评估中没有发现运行风险，则可以认为系统是安全的，不需再对其他场景进行评估；当发

现存在风险时，再采用其他场景对系统进行评估，从而省去了大量的不必要计算，加快风险评估的速度。

通常，清洁能源功率的概率预测结果具有中值集中、边缘分散的特点，例如服从正态分布或威布尔分布等。基于这类预测结果进行场景构造时，位于清洁能源发电空间边缘的场景之间的距离要远大于位于清洁能源发电空间中部的场景间距离。为保证危险场景的准确遍历以及避免过多的安全场景计算，在设置危险场景的查找距离时可以根据清洁能源电站功率的边缘分布情况进行相应调整。例如，当清洁能源电站功率的边缘分布具有中值集中、边缘分散的特点时，随着危险场景查找迭代次数的增加，危险场景的查找距离应逐渐减小。

3.5.3 风险评估流程

结合前文提出的考虑相关性的清洁能源电站功率场景快速构造方法，以及危险场景查找方法，对含大规模清洁能源并网的电力系统进行风险评估的流程如图 3-25 所示。

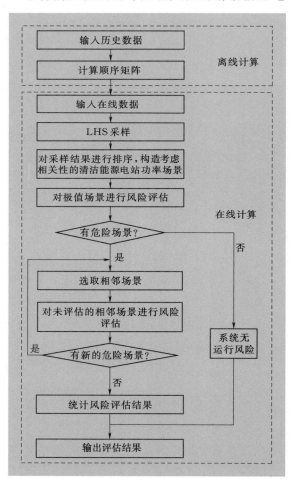

（1）输入清洁能源电站功率的历史数据，提前计算顺序矩阵。

（2）当对电力系统进行风险评估时，根据输入的清洁能源电站功率概率预测结果进行 LHS 采样，并采用提前计算的顺序矩阵对 LHS 采样样本进行排序，以快速构造考虑相关性的清洁能源电站功率场景。

（3）根据顺序矩阵提取极值场景，并对极值场景进行风险评估计算，如果未发现危险场景，则认为系统无运行风险，输出评估结果并退出；如果发现危险场景，执行第（4）步。

（4）查找与危险场景相邻的清洁能源电站功率场景，并对其中未评估过的场景进行风险评估计算，如果发现新的危险场景，则重复执行第（4）步；如果未发现新的危险场景，则执行第（5）步。

图 3-25　风险评估流程图

（5）将未评估的清洁能源电站功率场景视为安全场景，对风险评估进行结果统计并输出。

3.5.4　算例分析

为验证方法的有效性，对含清洁能源电站的IEEE-30节点系统算例在MATLAB平台下进行了风险评估仿真。LHS采样点数设置为1000，为了验证所得结果的正确性，将MC法构造的100000个相关性场景作为参照场景，对计算结果进行验证。

含清洁能源电站的IEEE-30节点系统网络拓扑如图3-26所示。其中，容量为50MW的清洁能源电站W1和容量为80MW的清洁能源电站W2采用恒功率因数（感性0.99）的方式进行控制，并分别接入节点22和节点27。假设清洁能源电站之间有功输出的相关系数矩阵为

$$C_{\mathrm{w}} = \begin{bmatrix} 1 & 0.5 \\ 0.5 & 1 \end{bmatrix} \qquad (3-35)$$

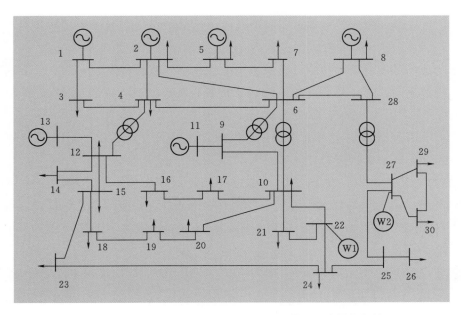

图3-26　含清洁能源电站的IEEE-30节点系统网络拓扑

为方便对优化调度结果及其影响因素进行分析，研究目标设置为3个时段，每个时段15min。假设清洁能源电站各时段的功率预测误差服从正态分布，其功率概率预测结果见表3-11。

表 3 – 11 清洁能源发电功率概率预测结果 单位：MW

清洁能源电站	第一时段		第二时段		第三时段	
	均值	方差	均值	方差	均值	方差
W1	15	2.5	25	5	35	3.5
W2	24	4	40	8	56	5.6

常规机组发电计划见表 3 – 12。

表 3 – 12 常规机组发电计划 单位：MW

时段	常规发电机组计划					
	G1	G2	G3	G4	G5	G6
一	124.98	34.31	15.61	10.00	25.50	34.00
二	99.17	27.62	15.00	10.00	28.86	38.15
三	82.79	24.07	15.00	10.00	28.17	37.94

不考虑负荷预测的误差，且认为所有时段负荷值不变。负荷预测值、常规机组参数以及线路参数给定。系统风险的置信水平取 $\beta_1 = \beta_2 = \beta_3 = 0.95$。

依照前述流程，在 MATLAB 下编制程序对该算例进行风险评估，潮流计算基于 MATPOWER 4.1。假设平衡机组功率最大允许计划偏差为 30MW，平衡机组发电计划偏差越限、线路潮流越限及节点电压越限的故障后果严重度函数中的参数设置均为 $a = 10$、$b = 0$、$c = 1$。各风险的权重均设置为 1，假设系统可接受的风险阈值为 0.3。考虑到本算例的清洁能源发电概率预测具有中值集中、边缘分散的特点，为解决极值场景与其他场景相距过远的问题，第一次的危险场景查找距离设置为 5MW，之后查找距离设置为 3MW。

为了验证在风险评估中考虑清洁能源发电功率相关性的必要性，除采用相关性为 0.5 的清洁能源电站场景进行风险评估外，还采用了相关性分别是 1 和 0 的其他两组 LHS 构造的清洁能源电站场景对该系统进行风险评估。表 3 – 13 显示了采用这三组 LHS 构造的清洁能源电站场景以及采用 MC 方法构造的清洁能源电站场景进行风险评估的结果，图 3 – 27～图 3 – 29 显示了第三时段部分风险的概率分布情况。

表 3 – 13 风险评估结果

方法	场景的相关性	第一时段	第二时段	第三时段
LHS	1	0.0036	2.5249	0.8494
	0.5	0	0.2620	1.0198
	0	0	0.1529	1.2026
MC	0.5	0.0009	0.2651	1.0293

由评估结果可以看出，采用不同相关性场景对系统进行风险评估时，所得结果差距非常大。因此，在对含大规模清洁能源发电并网的电力系统进行风险评估时，考虑

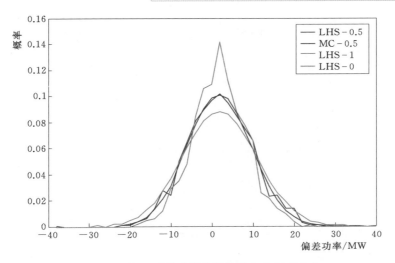

图 3 - 27　第三时段平衡机组偏差功率概率分布

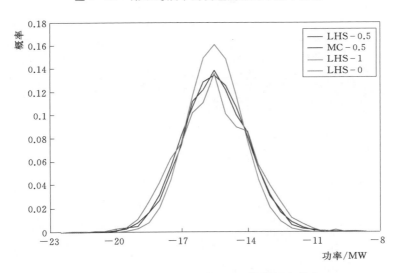

图 3 - 28　第三时段线路 25～27 潮流概率分布

清洁能源电站之间的相关性是非常必要的。此外，采用基于危险场景查找的快速评估方法对系统进行风险评估，所得结果与 MC 方法所得结果非常相近，但所构造的场景数仅为 MC 方法的 1％，这充分验证了方法的有效性。此外，采用的基于危险场景查找的快速评估方法还可以进一步加快风险评估的速度，表 3 - 14 显示了该方法的应用效果，图 3 - 30 显示了第三时段的风险评估过程。

　　由表 3 - 14 可以得出，采用基于危险场景查找的快速评估方法可以准确定位所有危险场景，保证评估结果的准确性，同时可以省去大量安全场景的不必要计算，从而大幅提高风险评估的速度。此外，当系统运行存在的风险越小时，所提方法所节省的时间就越多，尤其当系统运行不存在风险时，只需计算少量的极值场景即可。

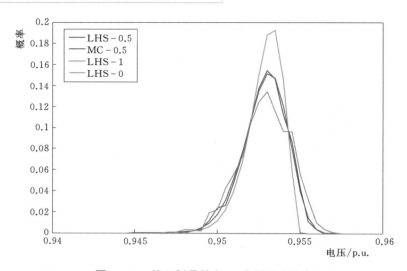

图 3 - 29　第三时段节点 21 电压概率分布

表 3 - 14　　　　　　　　　　　　　　　风 险 评 估 应 用 效 果

时段	基于危险场景查找的快速评估方法				LHS 场景全部评估	MC 场景全部评估
	所评估场景个数	找到的危险场景个数	实际的危险场景个数	所用时间/s	所用时间/s	所用时间/s
第一时段	4	0	0	0.12	6.73	668.23
第二时段	203	60	60	1.51	6.71	670.01
第三时段	607	357	357	4.02	6.73	668.95

当系统运行风险超过允许的阈值时，如本算例的第三时段，采用前文所述的方法进行系统运行静态安全域的计算。在计算过程中，置信水平 $\beta=1$，即计算得到的静态安全域不允许包含任何危险场景。清洁能源电站出力的最小优化间隔为 1MW，群体规模为 20 个，交叉概率为 0.6，变异概率为 0.01。经过 20 次的迭代计算，共耗时 0.97s，所得系统运行静态安全域为 ｛W1：22～48MW；W2：37～53MW｝。基于所得的静态安全域可知，系统运行的风险主要是由 W2 功率过高所引起的，因此抵御风险的策略为将 W2 的发电计划设置为 53MW。

为验证该风险抵御策略的效果，根据清洁能源电站发电计划修正清洁能源电站功率场景，对系统重新进行风险评估，此时，采用 LHS 方法构造的场景进行风险评估所得结果为 0，采用 MC 方法构造的场景进行风险评估所得结果为 0.0012，即采用基于危险场景查找的快速评估方法计算得到的风险抵御策略后，系统运行风险可忽略不计。由此可见，基于静态安全域的抵御风险方法是简单可行的，可以指导调度人员及时做出抵御风险的正确决策，有效保证系统运行的安全。

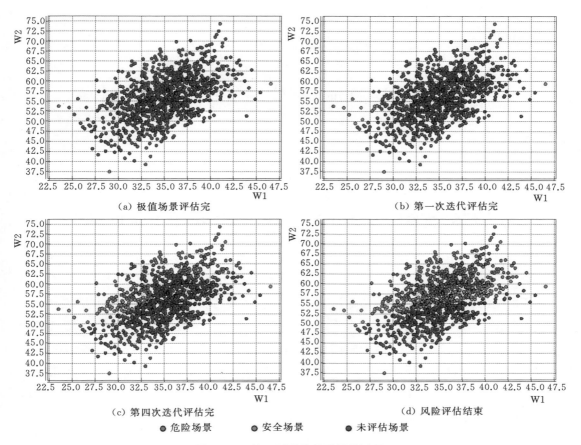

(a) 极值场景评估完

(b) 第一次迭代评估完

(c) 第四次迭代评估完

(d) 风险评估结束

● 危险场景　　● 安全场景　　● 未评估场景

图 3 - 30　第三时段的风险评估过程

第 4 章

多能源互补调度侧优化运行控制技术

4.1 考虑清洁能源最大消纳能力和运行风险的优化调度模型

4.1.1 模型建立

随着清洁能源并网容量的增大，我国部分地区已无法全额消纳清洁能源发电。在清洁能源发电消纳困难的地区，当进行清洁能源发电优化调度时，需要制订清洁能源电站发电计划，限制清洁能源电站的最大功率，减小清洁能源电站功率不确定性对系统安全运行的影响。为模拟未来清洁能源电站对发电计划的执行情况，当清洁能源电站功率大于清洁能源电站的发电计划值时，清洁能源电站功率将被限制至其计划值，其他情况下清洁能源电站功率保持不变，即

$$P_{\mathrm{WC}i}^{t}=\begin{cases}P_{\mathrm{WP}i}^{t}, & P_{\mathrm{W}i}^{t}>P_{\mathrm{WP}i}^{t}\\ P_{\mathrm{W}i}^{t}, & P_{\mathrm{W}i}^{t}\leqslant P_{\mathrm{WP}i}^{t}\end{cases} \qquad (4-1)$$

式中　$P_{\mathrm{WP}i}^{t}$——清洁能源电站 i 在 t 时刻的发电功率计划；

　　　$P_{\mathrm{W}i}^{t}$——清洁能源电站 i 在 t 时刻的功率预测值，由于考虑清洁能源发电功率的预测误差，该变量为随机变量；

　　　$P_{\mathrm{WC}i}^{t}$——受发电计划限制后的清洁能源电站 i 在 t 时刻的功率预测值，因此也为随机变量。

由于随机变量的存在，在对含清洁能源电站的电力系统进行经济调度建模时，需要考虑随机变量的影响，建立随机优化模型。

4.1.1.1 目标函数

由于清洁能源发电不需要消耗燃料，因此在考虑系统运行经济性时，可以不计清洁能源发电的发电成本，而只要求常规电源总的燃料成本最小。此外，依照我国优先消纳清洁能源发电的原则，在进行清洁能源发电优化调度时，应尽可能地减少清洁能源受限。因此，在经济调度模型的目标函数中，需要将弃风、弃光电量的期望作为惩罚因子给予考虑，以避免不必要的弃风、弃光。当清洁能源电站 i 执行发电计划时，

在 t 时刻的限电值 C_i^t 为

$$C_i^t = \begin{cases} P_{\mathrm{W}i}^t - P_{\mathrm{WP}i}^t, & P_{\mathrm{W}i}^t > P_{\mathrm{WP}i}^t \\ 0, & P_{\mathrm{W}i}^t \leqslant P_{\mathrm{WP}i}^t \end{cases} \tag{4-2}$$

式（4-2）中，由于 $P_{\mathrm{W}i}^t$ 为随机变量，因此 C_i^t 也为随机变量。

在考虑系统总的燃料成本及限电量期望最小的条件下，含清洁能源电站的电力系统经济调度模型目标函数为

$$\min\left[A_1 \sum_{i \in N_g} \sum_{t \in T} f_i(P_i^t) + A_2 \sum_{i \in N_w} \sum_{t \in T} E(C_i^t)\right] \tag{4-3}$$

式中　　P_i^t——常规机组 i 在 t 时段的功率；

　　　　f_i——常规发电机组 i 的燃料成本函数；

N_g、N_w——常规机组和清洁能源电站的个数；

　　　　T——调度周期总时段数；

A_1、A_2——燃料成本和限电量期望的权重系数，当 $A_1 \gg A_2$ 时，模型的优化目标为系统总的燃料成本最小，当 $A_1 \ll A_2$ 时，模型的优化目标为系统总的限电量期望最小，即消纳清洁能源电量总的期望最大。

4.1.1.2　约束条件

在制订调度计划时，为便于指导系统运行，采用随机优化模型求得的调度计划结果必须是确定性的。而由于清洁能源的随机性，导致此时线路潮流、备用容量需求都是随机的。若要保证系统运行绝对安全，即在经济调度模型中要求对随机变量的所有可能取值都必须满足约束条件，则系统运行将为一些概率非常小的极端情况付出非常高的代价，这是非常不经济的。为此，采用机会约束规划建模，将含随机变量的约束条件以满足一定的置信水平来表示，置信水平的高低直接反映了调度人员对电力系统运行风险的要求。当置信水平为 1 时，表示不允许存在任何的潜在风险，这样虽然确保了系统的安全，但势必将造成资源的浪费。因此，调度人员应根据实际情况，兼顾安全因素和经济因素，选择合适的置信水平，使系统运行于经济且安全的状态。此外，由于负荷预测误差相对于清洁能源预测误差小很多，可以将其忽略，因此在模型中将负荷预测视为确定变量。

（1）有功功率平衡约束。

$$\sum_{i \in N_g} P_i^t = \sum_{i \in N_1} P_{\mathrm{L}i}^t - \sum_{i \in N_w} E(P_{\mathrm{WC}i}^t), t \in T \tag{4-4}$$

式中　　$P_{\mathrm{L}i}^t$——未计及网络损耗时，负荷 i 在 t 时刻的功率预测值；

　　　　N_1——负荷个数；

$E(P_{\mathrm{WC}i}^t)$——未计及网络损耗时，清洁能源电站 i 在 t 时刻的功率期望值。

由于模型中将清洁能源电站功率视为随机变量，而常规发电机组的发电功率计划和负荷预测都为确定量。在制订常规机组发电计划时，需使确定量之和满足随机变量

期望值之和的要求，即常规发电机组的总功率计划应等于总负荷预测减去清洁能源电站功率的期望值之和，这样可使因预测误差导致的常规发电机组发电功率计划调整最小。

（2）常规发电机组功率约束。

$$P_{i,\min} \leqslant P_i^t \leqslant P_{i,\max}, i \in N_g, t \in T \tag{4-5}$$

式中　$P_{i,\max}$、$P_{i,\min}$——常规发电机组 i 的功率上下限。

（3）常规发电机组爬坡约束。

$$-r_i^d T_x \leqslant P_i^t - P_i^{t-1} \leqslant r_i^u T_x, i \in N_g, t \in T \tag{4-6}$$

式中　r_i^d、r_i^u——常规发电机组 i 每分钟的下调和上调爬坡速率；

　　　　T_x——一个运行时段。

（4）线路潮流约束。为了提高模型的求解速度，在线路潮流约束中，只关注有功功率方面，采用直流潮流进行计算，即

$$Pr(P_{\text{Line}i}^t < P_{\text{Line}i}^{\lim}) > \beta_1, i \in N_{\text{line}}, t \in T \tag{4-7}$$

式中　Pr——概率；

　　$P_{\text{Line}i}^t$——t 时刻线路 i 有功功率潮流，为随机变量；

　　$P_{\text{Line}i}^{\lim}$——线路 i 有功功率潮流极限；

　　N_{line}——线路数量；

　　β_1——给定的置信水平。

根据直流潮流的定义，节点电压相角与节点功率注入存在以下近似关系：

$$\boldsymbol{P}_{\text{node}} = \boldsymbol{B\theta} \tag{4-8}$$

式中　$\boldsymbol{P}_{\text{node}}$——节点注入有功功率 $n \times 1$ 阶列向量，其中 n 为除去平衡节点之后系统总节点的个数；

　　$\boldsymbol{B}$——各支路电抗组成的 $n \times n$ 阶导纳矩阵；

　　$\boldsymbol{\theta}$——各节点电压相角组成的 $n \times 1$ 阶列向量。

设 $N_{\text{line}} \times n$ 阶矩阵 $\boldsymbol{G}$ 表示直流潮流中节点电压相角与支路有功功率的关系矩阵，则矩阵 $\boldsymbol{G}$ 的每一行中最多仅有两个元素不为零，且有

$$\frac{\partial P_l}{\partial \theta_i} = \frac{1}{x_{ij}}$$

$$\frac{\partial P_l}{\partial \theta_j} = -\frac{1}{x_{ij}} \tag{4-9}$$

由此，直流潮流方程可表示为

$$\boldsymbol{\theta} = \boldsymbol{B}^{-1} \boldsymbol{P}_{\text{node}}$$

$$\boldsymbol{P}_{\text{line}} = \boldsymbol{GB}^{-1} \boldsymbol{P}_{\text{node}} = \boldsymbol{MP}_{\text{node}} \tag{4-10}$$

式中　$\boldsymbol{P}_{\text{line}}$——线路有功功率潮流 $N_{\text{line}} \times 1$ 阶列向量；

M——系统的直流潮流转移矩阵。

可见,在直流潮流中,线路的有功功率潮流等于直流潮流转移矩阵与节点注入有功功率列向量的乘积。因此,又可以写为

$$Pr\big[\,|\,M_i(P^t+P_{\mathrm{WC}}^t-P_{\mathrm{L}}^t)\,|<P_{\mathrm{Line}i}^{\lim}\,\big]>\beta_1\,,\ i\in N_{\mathrm{line}}\,,t\in T \qquad (4-11)$$

式中　M_i——直流潮流转移矩阵中对应于线路 i 的行向量;

$\quad P^t$——t 时刻常规机组的节点有功功率注入列向量;

$\quad P_{\mathrm{WC}}^t$——t 时刻受发电计划限制后的清洁能源发电节点有功功率注入列向量;

$\quad P_{\mathrm{L}}^t$——t 时刻负荷的节点有功功率注入列向量。

(5)系统正旋转备用约束。由于清洁能源电站的有功功率输出具有不确定性的特点,系统在运行过程中,存在着一定的失负荷风险。为保证系统的安全稳定运行,必须预留一定的正备用,将系统失负荷的风险约束在允许的范围内,即

$$Pr\Big[\sum_{i\in N_g}Ru_i^t>3\%\sum_{i\in N_l}P_{\mathrm{L}i}^t+\Big(\sum_{i\in N_w}E(P_{\mathrm{WC}i}^t)-\sum_{i\in N_w}P_{\mathrm{W}i}^t\Big)\Big]>\beta_2\,,t\in T \quad (4-12)$$

其中　　　　　$Ru_i^t=\min(P_{i,\max}-P_i^t,T_{10}\times r_i^u)\,,i\in N_g\,,t\in T \qquad (4-13)$

式中　β_2——给定的置信水平;

$\quad Ru_i^t$——常规发电机组 i 在第 t 时段可提供的正旋转备用容量;

$\quad T_{10}$——旋转备用响应时间,取值为 10min。

(6)系统负旋转备用约束。与正旋转备用约束相似,系统也需预留充足的负旋转备用,以防止由于预测误差而导致在运行过程中系统频率过高。因此,系统负旋转备用应满足

$$Pr\Big\{\sum_{i\in N_g}Rd_i^t>3\%\sum_{i\in N_l}P_{\mathrm{L}i}^t+\Big[\sum_{i\in N_w}P_{\mathrm{W}i}^t-\sum_{i\in N_w}E(P_{\mathrm{WC}i}^t)\Big]\Big\}>\beta_3\,,t\in T \quad (4-14)$$

其中　　　　　$Rd_i^t=\min(P_i^t-P_i^{\min},T_{10}\times r_i^d)\,,i\in N_g\,,t\in T \qquad (4-15)$

式中　β_3——给定的置信水平;

$\quad Rd_i^t$——发电机组 i 在第 t 时段可提供的负旋转备用容量。

4.1.2　考虑清洁能源电站功率相关性的模型快速求解算法

4.1.2.1　随机模型转化为确定模型

对于前述的经济调度模型,由于将清洁能源电站功率视为具有相关性的随机变量,并且约束条件以概率方式给出,致使模型的求解非常困难。为提高模型的求解速度,基于前文所述方法构造考虑相关性的清洁能源电站功率场景,采用分位点法将含概率约束的随机模型转化为确定模型进行求解。

对于概率约束不等式 $Pr(x<L)>\beta$,根据分位点法,可以将该式等效为不等式 $x<L_\beta$。其中,x 为模型中的待优化变量;L 为含随机变量的代数式,且随机变量的概率分布已知;L_β 为不等式的分位点,是一个确定值,且满足 $Pr(L<L_\beta)>\beta$。

对于前述的经济调度模型，当随机变量，即清洁能源电站功率，用所构造的 N 个场景取代时，含随机变量的概率约束就转化为 N 个确定性的不等式约束。以线路直流潮流约束为例，在将 N 个清洁能源电站功率场景代入后，若将所有待优化变量（常规机组发电计划）移至不等式的一侧，则可得到一个确定性不等式集：$D<M_iP^t<U$。其中，D 和 U 均为含有 N 个数值的集合，每一个数值表示针对某一种清洁能源电站功率场景所需要满足的约束条件。当置信水平为 95％时，表示约束条件只需满足 95％ 的场景即可。此时，原约束可转化为 $D_{95\%\max}<M_iP^t<U_{95\%\min}$。其中，$D_{95\%\max}$ 为 D 中按从小到大顺序，排名为 95％N 的数值，表示 M_iP^t 不必大于 D 中的每个数值，而只需大于 $D_{95\%\max}$ 即可。同理，$D_{95\%\min}$ 为 U 中按从大到小顺序，排名为 95％N 的数值，表示 M_iP^t 不必小于 U 中的每个数值，而只需小于 $U_{95\%\min}$ 即可。

由此可见，在模型转化过程中，只需将所构造的清洁能源电站功率场景代入到含随机变量的约束中，计算得到 D 和 U，再对 D 和 U 中的数值进行排序，并按置信水平选取相应的分位点，即可将含随机变量的概率约束不等式转化为不含随机变量的确定性约束，从而将随机模型转化为确定模型，即

$$D^t_{\max\beta_1}<M_iP^t<U^t_{\min\beta_1} ,i\in N_{\text{line}},t\in T \tag{4-16}$$

$$\sum_{i\in N_g}Ru^t_i>D^t_{\max\beta_2} ,t\in T \tag{4-17}$$

$$\sum_{i\in N_g}Rd^t_i>D^t_{\max\beta_3} ,t\in T \tag{4-18}$$

式中　$D^t_{\max\beta_1}$、$U^t_{\min\beta_1}$、$D^t_{\max\beta_2}$、$D^t_{\max\beta_3}$ ——依据清洁能源电站功率场景和置信水平所计算得出的 t 时段概率约束不等式的分位点。

4.1.2.2　系统可全额消纳清洁能源发电时模型求解算法

将随机模型转化为确定模型后，就可以采用商业软件对模型进行直接求解。首先，假设系统可以全额消纳清洁能源，即不需给清洁能源发电制订发电计划，此时模型的待优化变量仅为常规机组的发电计划。由于常规机组的燃料成本函数通常为二次函数，因此该模型的求解属于线性约束的凸二次规划问题。采用求解凸二次规划的开源内点法算法包对转化后的确定性模型进行求解，该算法包具有使用方便、移植简单、计算速度快等特点。但该算法包针对的问题为

$$\min\left(\frac{1}{2}\boldsymbol{Y}^{\mathrm{T}}\boldsymbol{Q}_2'\boldsymbol{Y}+\boldsymbol{Q}_1'^{\mathrm{T}}\boldsymbol{Y}\right)$$

$$\text{s. t.}\begin{cases}\boldsymbol{A}'\boldsymbol{Y}=\boldsymbol{B}'\\\boldsymbol{Y}\geqslant0\end{cases} \tag{4-19}$$

而待求解的确定性模型问题为

$$\min\left(\boldsymbol{X}^{\mathrm{T}}\boldsymbol{Q}_2\boldsymbol{X}+\boldsymbol{Q}_1^{\mathrm{T}}\boldsymbol{X}+\boldsymbol{C}\right)$$

$$\text{s. t.}\begin{cases}\boldsymbol{A}\boldsymbol{X}=\boldsymbol{B}\\\boldsymbol{D}\leqslant\boldsymbol{X}\leqslant\boldsymbol{U}\end{cases} \tag{4-20}$$

为了实现对该模型的正确求解，需要在调用算法包前做一些处理，具体方法如下：

设 $Y_1=X-D\geqslant 0$，$Y_2=U-X\geqslant 0$，$Y=\begin{bmatrix}Y_1\\Y_2\end{bmatrix}\geqslant 0$，则有

$$\frac{1}{2}\begin{bmatrix}Y_1\\Y_2\end{bmatrix}^{\mathrm{T}}\begin{pmatrix}2Q_2 & 0\\0 & 0\end{pmatrix}\begin{bmatrix}Y_1\\Y_2\end{bmatrix}+\begin{pmatrix}2Q_2D+Q_1^{\mathrm{T}}\\0\end{pmatrix}^{\mathrm{T}}\begin{bmatrix}Y_1\\Y_2\end{bmatrix}=$$

$$\frac{1}{2}\begin{bmatrix}X-D\\U-X\end{bmatrix}^{\mathrm{T}}\begin{pmatrix}2Q_2 & 0\\0 & 0\end{pmatrix}\begin{bmatrix}X-D\\U-X\end{bmatrix}+\begin{pmatrix}2Q_2D+Q_1^{\mathrm{T}}\\0\end{pmatrix}^{\mathrm{T}}\begin{bmatrix}X-D\\U-X\end{bmatrix}=$$

$$\frac{1}{2}(X-D)^{\mathrm{T}}2Q_2(X-D)+(2Q_2D+Q_1^{\mathrm{T}})^{\mathrm{T}}(X-D)=$$

$$X^{\mathrm{T}}Q_2X-D^{\mathrm{T}}Q_2X-X^{\mathrm{T}}Q_2D+D^{\mathrm{T}}Q_2D+2(Q_2D)^{\mathrm{T}}X+Q_1X-2(Q_2D)^{\mathrm{T}}D-Q_1D$$

$$(4-21)$$

因为 X 和 D 为行数相同的列向量，Q_2 为行数与 X 相同的方阵，所以 $D^{\mathrm{T}}Q_2X$、$X^{\mathrm{T}}Q_2D$ 与 $(Q_2D)^{\mathrm{T}}X$ 均为取值相等的一个数值，因此，式（4-21）等价于求 $X^{\mathrm{T}}Q_2X+Q_1X^{\mathrm{T}}+C$ 最小，即待求解的确定性模型目标。

另外，有

$$\begin{pmatrix}A & 0\\I & I\end{pmatrix}\begin{bmatrix}Y_1\\Y_2\end{bmatrix}=\begin{pmatrix}A & 0\\I & I\end{pmatrix}\begin{bmatrix}X-D\\U-X\end{bmatrix}=\begin{bmatrix}A(X-D)\\X-D+U-X\end{bmatrix}=\begin{bmatrix}B-AD\\U-D\end{bmatrix}\qquad (4-22)$$

可知，只要通过相应的变换，就可以得到原算法包针对问题的约束形式，即等价于 $A'Y=B'$。因此，在对问题进行求解时，可以设

$$Q_2'=\begin{pmatrix}2Q_2 & 0\\0 & 0\end{pmatrix},Q_1'=\begin{pmatrix}2Q_2D+Q_1^{\mathrm{T}}\\0\end{pmatrix}$$

$$A'=\begin{pmatrix}A & 0\\I & I\end{pmatrix},B'=\begin{bmatrix}B-AD\\U-D\end{bmatrix}$$

$$Y=\begin{bmatrix}Y_1\\Y_2\end{bmatrix}=\begin{bmatrix}X-D\\U-X\end{bmatrix}\geqslant 0\qquad (4-23)$$

即可调用内点法算法包对模型进行直接求解。

然而，在模型求解的过程中，有时会出现无解的情况，即无论如何安排常规机组的发电计划，都不能满足模型中的全部约束条件。此时说明系统无法全额消纳清洁能源，需要对清洁能源电站制订发电计划，进行必要的限电，以得到满足系统运行安全约束的可行解。

4.1.2.3 系统无法全额消纳清洁能源时模型求解算法

当系统无法全额消纳清洁能源时，需要根据实际情况制订清洁能源电站发电计划，此时模型的优化变量为常规机组和清洁能源电站的发电计划，每一种清洁能源电

站功率场景对应了未来一种清洁能源发电功率的可能。为模拟未来清洁能源电站对发电计划的执行情况，当某场景中清洁能源电站的功率大于其计划值时，需将该场景的清洁能源电站功率值降至计划值，其他情况下场景中的清洁能源电站输出功率值保持不变。由于清洁能源电站发电计划将改变所构造的清洁能源电站功率场景，因此该模型的求解属于具有相关性的随机变量参与优化的模型求解问题，采用遗传算法对该模型进行求解。

模型的整体求解算法流程如图 4-1 所示，具体描述如下：

（1）输入清洁能源电站功率的历史数据，提前计算顺序矩阵。

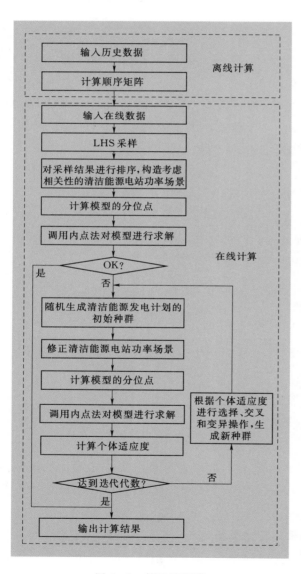

（2）当进行调度计划制订时，根据输入的清洁能源功率概率预测结果进行 LHS 采样，并采用提前计算的顺序矩阵快速构造考虑相关性的清洁能源电站功率场景。

（3）假设系统可全额消纳清洁能源，即不对所构造的清洁能源电站功率场景进行修改，采用分位点法计算约束条件的分位点，并将随机模型转化为确定模型进行求解，如果此时模型有解，则输出计算结果并退出；如果此时模型无解，则说明系统无法全额消纳清洁能源发电，需要制订清洁能源发电计划，执行第（4）步。

（4）随机生成清洁能源发电计划的初始种群。

（5）根据清洁能源发电计划修正清洁能源电站功率场景，再采用分位点法计算约束条件的分位点，将随机模型转化为确定模型进行求解，并根据计算结果计算每个个体的适应度。

（6）如果未达到迭代次数，则根据个体适应度进行选择、交叉及变异等操作，生成新的清洁能源发电计划种群，重复第（5）步；如果达到迭代次数，则输出最优解并退出。

图 4-1 算法流程图

4.1.3 工程案例

4.1.3.1 IEEE-30 节点系统算例

含清洁能源电站的 IEEE-30 节点系统网络拓扑如图 4-2 所示，节点 22 和 27 分别接入了容量为 50MW 的清洁能源电站 W1 和 80MW 的清洁能源电站 W2，假设清洁能源电站之间有功功率输出的相关系数矩阵为

$$C_w = \begin{bmatrix} 1 & 0.5 \\ 0.5 & 1 \end{bmatrix} \tag{4-24}$$

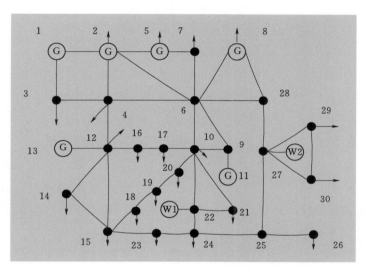

图 4-2 含清洁能源电站的 IEEE-30 节点系统网络拓扑

为方便对优化调度结果及其影响因素进行分析，研究目标设置为 3 个时段，每个时段 15min。假设清洁能源电站各时段的功率预测误差服从正态分布，清洁能源电站功率概率预测结果见表 4-1。

表 4-1 清洁能源电站功率概率预测结果 单位：MW

清洁能源 电站	第一时段		第二时段		第三时段	
	均值	方差	均值	方差	均值	方差
W1	15	2.5	25	5	35	3.5
W2	24	4	40	8	56	5.6

不考虑负荷预测的误差，且认为所有时段负荷值不变。系统风险的置信水平取 $\beta_1 = \beta_2 = \beta_3 = 0.95$。

将第二时段的预测结果视为清洁能源电站功率的典型概率分布，并基于该数据提

前计算清洁能源电站的顺序矩阵。在计算过程，直接将提前计算得到的顺序矩阵用于新能源发电 LHS 样本的排序。LHS 与 MC 两种方法所构造的场景相关性见表 4 - 2，可以看出，本书所提方法所构造的场景同 MC 方法一样，能很好地反映清洁能源电站之间的功率相关性，此外，采用基于第二时段数据计算得到的顺序矩阵对其他两个时段的 LHS 样本进行排序时，也可以得到非常好的相关性效果。

表 4 - 2　　　　　　两种方法构造场景的相关性评价指标

方法	相关性评价指标 P_{rms}		
	第一时段	第二时段	第三时段
LHS	0.0010	0.0010	0.0010
MC	0.0006	0.0005	0.0006

对模型进行求解，在第二和第三时段，由于清洁能源电站功率较大，系统无法全额消纳清洁能源，因此需要对清洁能源发电进行适当的限电，即制订清洁能源电站发电计划。在采用遗传算法对清洁能源电站的发电计划进行制订时，最小优化间隔为 1MW，群体规模为 20 个，交叉概率为 0.6，变异概率为 0.01，遗传代数为 20 代。

当式（4 - 3）中的 $A_1=1$、$A_2=10000$ 时，即以限电量期望最小为目标对清洁能源电站的发电计划进行计算时，经过 20 次的遗传迭代，限电量的期望值为 0.49MW·h，占总清洁能源发电量期望值的 1.00%，此时系统的总费用为 60459.28 美元。表 4 - 3 显示了对应最优解时的常规发电机组和清洁能源电站各时段发电计划，即最终的经济调度优化方案，其中列出了线路 25～27 潮流越限概率检验结果，由于其他越限概率都比较低，可以近似忽略，因此没有列出。

当式（4 - 3）中的 $A_1=10000$、$A_2=1$ 时，即以系统总的燃料成本最小为目标对清洁能源电站的发电计划进行计算时，经过 20 次的遗传迭代计算后，受限电量期望值为 1.51MW·h，占总清洁能源发电量期望值的 3.08%，此时系统的总费用为 59020.64 美元。表 4 - 3 和表 4 - 4 显示了对应最优解时的常规发电机组和清洁能源电站各时段发电计划，即最终的动态经济调度优化方案。

表 4 - 3　　　　　　以清洁能源受限电量期望最小为目标的优化结果

时段	燃料成本/美元	常规发电机组计划/MW						清洁能源电站发电计划/MW		线路 25～27 潮流越限概率/%	
		G1	G2	G3	G4	G5	G6	W1	W2	LHS 场景	MC 场景
一	21622.96	124.98	34.31	15.61	10.00	25.50	34.00	无	无	0	0
二	20136.41	99.17	27.62	15.00	10.00	28.86	38.15	无	50	5.00	5.17
三	18699.91	82.79	24.07	15.00	10.00	28.17	37.94	无	51	5.00	5.08

表 4-4　　　　　　　　　　以系统总燃料成本最小为目标的优化结果

时段	燃料成本/美元	常规发电机组计划/MW						清洁能源电站发电计划/MW		线路 25~27 潮流越限概率/%	
		G1	G2	G3	G4	G5	G6	W1	W2	LHS 场景	MC 场景
一	21622.96	124.98	34.31	15.61	10.00	25.50	34.00	无	无	0	0
二	19442.81	114.92	31.77	15.01	10.00	21.00	28.00	无	45	4.10	4.26
三	17954.88	109.37	30.58	15.00	10.00	16.50	22.00	无	45	3.40	3.51

由表 4-3 和表 4-4 可知，在 3 个时段负荷都不变的情况下，随着系统接入清洁能源的增大，系统的燃料成本在逐渐减小。由此可见，大力发展清洁能源，可有效降低系统的燃料成本。但当接入的清洁能源超过系统的最大接纳能力时，如本算例的第二和第三时段，此时必须制订清洁能源电站的发电计划，减小清洁能源电站功率不确定性对系统的影响，以保证系统的运行安全。此外，在制订调度计划时，最大限度地消纳清洁能源并不等价于系统总的燃料成本最小，这点也在第二和第三时段的优化结果中得到了验证。在本算例中，当清洁能源电站 W2 的发电计划变大时，常规发电机组 G5 和 G6 的发电计划也在变大，而这两台机组的单位燃料成本都比较大，所以导致系统总的燃料成本升高。该结果表明，在某些情况下，为消纳更多的清洁能源，系统可能需要付出更多的代价。因此，当系统无法全额消纳清洁能源时，应根据系统的实际情况，合理制订清洁能源电站的发电计划，以降低系统总的燃料成本，使系统运行于最经济的状态。

此外，为验证所提方法的正确性，采用 MC 法构造 100000 个相关性场景对计算结果进行了检验。从表 4-3 和表 4-4 的潮流越限风险检验结果可以看出，采用本书所提方法计算得到的风险值与 MC 检验的结果非常相近。此外，图 4-3 显示了根据表 4-3 和表 4-4 的第二时段数据，采用两种方法所构造场景计算得到的线路 25~27 潮流累积概率分布图，可以看出，在采样点数较少的情况，采用本书所提方法构造的场景可以很好地模拟未来清洁能源发电功率的各种可能性，获得与较多采样点数的 MC 法相似的效果。

为了验证在动态经济调度中考虑清洁能源电站输出功率相关性的必要性，采用其他两组 LHS 构造的场景进行动态经济调度的计算。其中，一组场景中清洁能源电站功率的相关性为 1，代表的是在进行调度计划制订过程中，错误地认为两清洁能源电站之间具有强相关性；另一组场景中清洁能源电站功率的相关性为 0，代表的是在进行调度计划制订过程中，错误地认为清洁能源电站之间不具有相关性。针对清洁能源电站发电计划，以清洁能源受限电量期望最小为目标采用这两组场景进行模型求解，并采用 MC 法所构造的场景对计算结果进行风险检验，以模拟在进行动态经济调度时，忽略原清洁能源电站之间的相关性对未来系统运行的影响，所得结果见表 4-5。

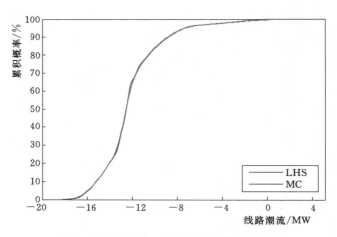

图4-3 线路25～27潮流累积概率分布图

其中，只列出了线路25～27潮流越限概率检验结果，由于其他越限概率都比较低，可以近似忽略，因此没有列出。

表4-5 不同调度结果的对比

LHS场景的相关性	第一时段			第二时段			第三时段		
	燃料成本/美元	线路25～27潮流越限概率/%		燃料成本/美元	线路25～27潮流越限概率/%		燃料成本/美元	线路25～27潮流越限概率/%	
		LHS场景	MC场景		LHS场景	MC场景		LHS场景	MC场景
1	21622.96	0	0	19702.73	5.00	13.73	18522.13	5.00	14.34
0.5	21622.96	0	0	20136.41	5.00	5.17	18699.91	5.00	5.08
0	21622.96	0	0	无解	无解	无	无解	无解	无

由表4-5可知，当清洁能源电站功率较小、不对系统运行产生风险时，如本算例的第一时段，此时采用具有不同相关性的场景所得的结果完全相同，因此可以忽略清洁能源发电功率相关性对系统的影响。但当清洁能源发电功率较大，对系统运行产生一定风险时，则需要采用具有原相关性的场景以获得正确的调度结果。在本算例中，若采用强相关性的场景进行动态经济调度的计算，虽然在置信水平为95%的条件下获得了最优解，但所得结果的实际运行风险超过了13%，这将给系统的运行埋下安全隐患；若采用不相关的场景进行计算，则无法获得可行解，这说明需要对清洁能源电站进行更进一步的限电，而实际上，采用清洁能源发电计划可以得到满足系统安全运行约束的可行解，这将增大清洁能源发电受限的期望。由此可见，在进行调度计划制订过程中，考虑清洁能源电站之间的相关性是非常必要的。

4.1.3.2 青海电网算例

基于前述优化调度模型和算法，利用时序生产模拟的方法对青海电网实际运行情况进行仿真分析。算例中电网为2015年年底青海电网实际网架，光伏装机容量

5144MW，风电装机容量 368MW，常规电源装机容量为 2015 年青海电网实际装机容量，其中火电 3502MW，水电 11681MW（78％水电由西北网调调度，只有 17％可用于青海调峰）。同时，选取 2015 年 1 月份青海电网的实际运行数据对多种电源联合优化调度的情况进行生产模拟仿真。联合优化调度结果及主要指标对比情况见表 4－6。

表 4－6　　　　　　　　　开展联合优化调度前后青海电网清洁能源消纳情况对比

青海电网运行情况	未联合优化调度	联合优化调度
风光发电量/(MW·h)	543957	563723
风光限电量/(MW·h)	37340	17574
限电比例/％	6.4	3.0
断面约束限电量/(MW·h)	17574	17574
调峰不足限电量/(MW·h)	19766	0

由表 4－6 可知，在不进行联合优化调度的情况下，青海电网 2015 年 1 月风光发电量为 543957MW·h，限电量为 37340MW·h，限电比例为 6.4％，其中受断面约束而导致的限电量为 17574MW·h，因调峰不足而导致的限电量为 19766MW·h；在开展多电源联合优化调度后，通过生产模拟可知，由于系统调节能力得到充分发挥和改善，该月风光发电量增至 563723MW·h，限电量下降至 17574MW·h，限电比例下降 3.4 个百分点，没有因调峰原因而导致的弃风弃光发生。

以该月中的一周为例进行详细分析，在不进行联合优化调度情况下，该周青海电网各类电源运行情况如图 4－4 所示，同时，图 4－5 所示为在开展联合优化调度情况下青海电网一周的生产模拟结果。

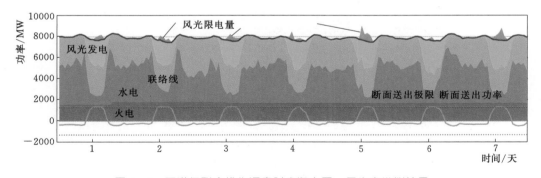

图 4－4　不进行联合优化调度时青海电网一周生产模拟结果

由图 4－4 和图 4－5 可知，通过开展多电源之间的联合优化调度，风光发电受限电量明显下降，同时常规电源也为了风光电站功率波动和联络线交换功率的变化进行了更加频繁地调节。表 4－7 显示，在不开展联合优化调度情况下，青海电网该周 7 天均存在风光发电受限情况，火电调整功率 1 次，水电最小技术功率为 600MW，限电比例为 8.86％，由于调峰能力不足导致风光发电受限电量为 19766MW·h；开展联合

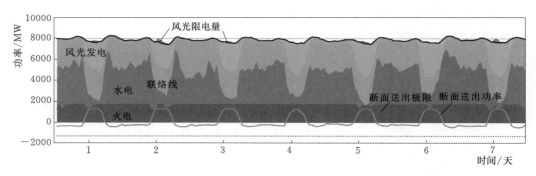

图 4-5　开展联合优化调度时青海电网一周生产模拟结果

优化调度后，生产模拟仿真结果显示该周风光发电受限天数下降 2 天，火电机组一周内调整功率 11 次，灵活性明显提升，同时，水电机组也提升了调峰能力，最小技术功率压至最低，周限电比例为 2.28%，大幅下降了 6.58 个百分点，同时，未出现由于调峰能力不足出现的风光发电受限情况。

表 4-7　　　　　开展联合优化调度前后青海电网新能源消纳情况模拟结果（一周）

青海电网一周运行情况	未联合优化调度	联合优化调度
限电天数/天	7	5
火电调节次数	1	11
水电最小功率/MW	600	0
限电比例/%	8.86	2.28
调峰原因受限电量/(MW·h)	19766	0

4.2　多能源互补联合优化调度评价技术

由于风光等清洁能源具有随机波动的特性，大规模清洁能源的集中并网给系统优化调度带来了诸多的不确定性。根据不同的调度原则和方法，可以得到不同的调度计划，但难以判断所制订的调度计划是否达到预期的效果以及是否全局最优。本节通过研究和建立合理全面的风光水气联合优化调度综合评估指标体系和综合决策方法，为各类优化调度方案的权衡取舍提供决策依据。

4.2.1　多能源互补联合优化调度准则

4.2.1.1　风光发电优化调度运行准则

根据我国电网实际运行方式、运行状态、清洁能源预测功率、负荷预测、机组检修计划、来水预测、水库综合利用等信息，电网调度需要在日前对系统所有可开启机组的发电计划进行优化，从而使电网清洁能源发电消纳能力最大，同时有效地减少限电量。此外，电网调度机构在调度运行清洁能源发电、制订电网调度计划时，还要考虑以下原则：

（1）综合分析满足电网安全约束的电网高峰备用容量、调峰能力、受约束的机组最小运行方式、电网安全约束等要求，参考未来 1～3 天的清洁能源发电预测趋势，滚动调整其他机组发电功率或机组组合，最大能力消纳清洁能源发电。

（2）电网备用容量满足《电力系统技术导则》（SD 131—1984），并充分考虑清洁能源发电功率预测的误差，按发电负荷的 5％～10％ 留取，或按最大单台机组容量留取，或按高峰清洁能源预计发电功率的最大值留取。

（3）根据水火燃气电站的运行方式优化计算电网最大清洁能源消纳能力并进行安全校核。

（4）如果全网火电等常规机组组合已无能力调整，调峰能力仍然不足，造成清洁能源电站 96 点发电预计划曲线不能全部纳入平衡，同时，上级调度也无能力调整区域或跨区电网机组组合能力时，认为按可消纳清洁能源发电能力调整清洁能源发电计划曲线。

（5）水库运行工作应主要考虑的内容包括汛前腾库、洪前腾库、拦蓄洪尾、汛限水位动态控制、提高运行水头、保持机组高效运行、优化水库运行策略、梯级水库联合调度、跨流域和区域水库群联合调度、水火电联合调度以及督促、配合水电厂开展经济运行等。

（6）根据电网及水电站特性，结合水文预报及负荷预测成果，合理安排水火电运行方式。当水库未发生弃水时，调节能力强的水电站应尽可能调峰运行；当水库已经或有可能弃水时，应尽可能安排其他水电厂和火电机组多调峰，提高水电的发电负荷率，减少水电站的弃水，多发季节性电能。

（7）由于调峰原因不能全部消纳清洁能源时，应保证电网旋转备用容量满足《电力系统技术导则》（SD 131—1984）的要求；由于电网输送能力不足不能全部消纳清洁能源时，应保证送出线路（断面）利用率不低于 90％。

（8）电网设备检修应与清洁能源场站设备检修协调安排，尽量减小清洁能源场站送出设备检修对清洁能源发电的影响。

（9）受限断面控制原则：首先根据区域内火电机组最小技术功率进行压限，同时使区域内水电站在不弃水的前提下参与区域电网调峰，当上述手段均已用尽断面仍然越限时，方可启动风电场、光伏电站参与区域调峰；当情况特别紧急时可采用常规电站停机调峰，同时计入辅助服务补偿。

同时，日内的清洁能源发电优化调度是在日前优化调度计划结果的基础上，根据超短期清洁能源发电功率预测、超短期负荷预测和电网实际运行情况对日前的调度计划结果进行修正，形成日内实时的调度计划。考虑的原则如下：

（1）实时运行有清洁能源消纳空间，而日前计划已安排控制清洁能源发电时，调整清洁能源发电计划，最大化消纳清洁能源发电。

（2）参考清洁能源发电超短期预测趋势，综合分析电网负荷需求、送出通道输送能力、调峰需要、机组最小技术功率及运行方式约束要求，实现调整网内其他电源发电功率，尽最大能力消纳清洁能源发电。

（3）清洁能源发电超短期预测结果与日前计划偏差超过 5％时，调整清洁能源电站功率。偏差为正时，增加清洁能源电站的功率，同时降低水火电机组功率。偏差为负时，调度运行人员应直接修正清洁能源电站的发电曲线，同时增加水火电机组功率。

（4）当电网调节容量无法满足调频需要，或电网约束条件发生变化影响清洁能源电站上网送出能力时，应综合考虑系统安全稳定性、电压约束等因素以及清洁能源电站自身的特性和运行约束，实时调整清洁能源电站的功率；相对于水电、火电机组，清洁能源电站功率调整时应遵循先增后减的原则。

（5）日内调度计划应在日前计划的基础上，参考超短期清洁能源功率预测及电网运行情况对清洁能源消纳能力进行评估，及时对发电计划进行调整，或采取紧急控制手段。

4.2.1.2 多能源互补优化调度运行准则

1. 水电

水电的建设往往是综合性的，即除了发电以外，还需考虑防洪、灌溉、航运、下游工农业用水等综合应用。在考虑水电厂的运行方式时，应综合考虑这些要求。衡量水电站调节能力的三个重要指标是：①强迫出力，即为保证水电厂下游用水部门要求而必须发电的最小功率称为强迫出力；②平均出力，即根据某一时段（月）的水电发电量除以水电装机容量，即水电站的平均出力；③预想出力，即考虑来水、水头等因素，水电站可能达到的最大功率，称为水电站的预想出力。

影响系统中水电调节能力的主要因素有水文条件、水库运行水位及库容、用水需求（包括农业需水、工业需水和生活需水）、灌溉需求、防凌约束和水电检修等诸多因素。对于水电站来说，在保证水电电量全部利用、充分发挥水电电量效益的情况下，在预想出力和强迫出力之间即为水电站的功率可调节范围。水电站的预想出力为水电站可达到的最大功率，影响水电站预想出力的最主要因素即为水电机组的检修。水电机组的检修导致水电站强迫出力减小，直接影响水电站的调节能力。通常情况下，水电站在丰水期主要发挥电量效益，主要在基荷及腰荷位置运行；在枯水期主要发挥电力效益，主要在峰荷位置运行，发挥水电的调峰能力。为充分利用水电，减少水电弃水，一般情况下，水电机组检修都安排在枯水期进行，直接降低了水电的调节能力。

此外，水电的调节能力还取决于水电在电力系统中的运行位置，即取决于水电承担的系统峰谷差等调峰需求容量，与预想出力、强迫出力、平均出力三个因素都有关系。其中，预想出力为水电站可达到的最大功率，强迫出力为水电站可达到的最小功率，预想出力与强迫出力之间的部分即为水电站的功率可波动范围。但与此同时，水电的调节能力还受到水电电量（平均出力）的约束，在预想出力与强迫出力一定时，平均出力越大，水电的调节受限越多，调节能力越差。

以青海水电为例分析我国水电总体调节能力，青海水电主要分布在黄河上游，从调节性能上来看，基本都具有日调节以上的调节能力，理论调峰速度和深度都优于其他电源，调峰优势比较突出。根据相关理论研究和调研结果，青海主要水电机组除一定的强迫出力外，剩余范围100%可调，每分钟可调整装机容量的50%。对于长期的正常方式调峰而言，水电厂的调峰能力和调峰特性还取决于电厂的来水总量，即发电总量。

2. 火电

《西北区域发电厂并网运行管理实施细则（试行）》对西北地区各类火电机组的调峰能力提出了明确要求："非供热燃煤机组，额定容量30万kW及以上的调峰能力应达到额定容量的50%及以上，额定容量30万kW以下的调峰能力应达到额定容量的45%及以上；供热火电机组在供热期按能力及供热负荷情况提供适当调峰；在非供热期，与普通燃煤机组承担相同调峰义务"。

按照上述规定，可大致测算出西北各省份的火电调节能力，其中青海电网在2015年供热期火电机组调峰能力约为35.9%，非供热期约为46.7%。

需要注意的是，以上只反映了火电机组的平均调节能力，在电力系统实际调度运行中，火电机组的实际调节能力与当时系统的火电开机方式相关。以某年冬季供热期为例，由于供热机组基本全开，调节能力相对较好的非供热机组开机容量有限，开机的火电的平均最小功率达到70%左右。

3. 燃气发电

燃气机组从启动到带满负荷运行一般仅需要25～30min，联合循环发电机组启动、带负荷时间比火电燃煤机组节省1/3～1/2。运行方式的多样性和灵活性比火电燃煤机组更好，提高了电网运行的机动性和安全性。然而在运行成本方面，燃气机组的运行成本与运行时间成正比，运行时间越长，运行成本越高，远超火电机组运行成本，如图4-6所示。同时，考虑到节能调度的要求，电网调度机构应尽量使得系统整体火电机组煤耗最低，那么综合考虑成本、调峰灵活性及系统煤耗等因素，系统运行时的调峰优化组合如图4-7所示。

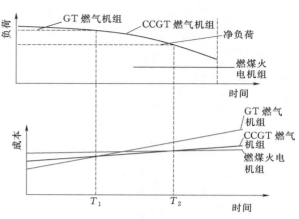

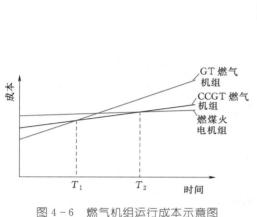

图4-6　燃气机组运行成本示意图

图4-7　燃气机组运行成本与系统整体
调峰优化组合示意图

由图4-6和图4-7可以得出以下主要结论：燃气机组在系统调峰利用方面的主要作用应为承担尖峰负荷，而常规火电、水电机组应承担腰荷和基荷；电网调度运行中应主要利用燃气机组的装机容量，而非其电量；燃气机组承担尖峰负荷可以同时实现促进清洁能源发展和提高系统火电发电效率的目的。

以青海电网燃气发电情况分析我国燃气发电发展的总体情况，青海格尔木燃气电站工程总装机容量为300MW，由2台GE公司PG9171E型燃气轮机、2台余热锅炉及2台汽轮机共组成两套"1+1+1"形式的联合循环发电机组（CCGT），即每台燃机同轴拖动一台发电机、汽轮机拖动一台发电机。燃气轮机、余热锅炉、汽轮机三大设备依次并排布置。基于上述分析，同时考虑到青海电网燃气电站目前实际情况（容量不大且开机次数不多），在青海电网风光水气联合调度运行中可将燃气发电视为系统额外的旋转备用容量，即在格尔木燃气电站非检修情况下，青海电网可少留取旋转备用容量300MW，从而在调度计划制订过程中降低常规电源开机容量，为清洁能源发电预留更充裕的消纳空间。

4.2.2　多能源互补联合优化调度评价方法

4.2.2.1　评价模型

综合评价是对被评价对象的客观、公正、合理的全面评价。对于多方案的决策问题来说，综合评价是决策的前提，正确的决策源于科学的综合评价。综合评价是经济管理、工业工程及决策等领域的一项重要内容。

把握系统的运行（或发展）状况的有效措施之一，就是要经常地对系统运行（或发展）状况作系统的、全面的综合评价，这样才能及时建立反馈信息，制订并实施相应措施，促使系统协调地运行。

各系统的运行状况可用一个向量 $\boldsymbol{x}$ 表示，其中每一个分量都从某一个侧面反映系统在某时段（或时刻）的发展状况，故称 $\boldsymbol{x}$ 为系统的状态向量，它构成了评价系统的指标体系。

为了全面分析、评价 n 个系统（即被评价对象）的运行状况，在已获得 n 个状态向量 $\boldsymbol{x}_i=(x_{i1}，x_{i2}，\cdots，x_{im})^\mathrm{T}$ $(i=1，2，\cdots，n)$ 的基础上，构造系统状态在某种意义下的综合评价函数，即

$$y_i=f(\boldsymbol{w}，\boldsymbol{x}_i) \tag{4-25}$$

其中
$$\boldsymbol{w}=(w_1，w_2，\cdots，w_m)^\mathrm{T}$$

式中 $\boldsymbol{w}$——非负归一化的参数向量（或指标权重向量）。

由式（4-25）求出各系统的综合评价值 y_i，并根据 y_i 值的大小将 n 个系统进行排序和分类。

4.2.2.2 评价方法

线性加权综合法是指应用线性模型来进行综合评价的方法，系统综合评价值为

$$y=\sum_{j=1}^m w_j x_j \tag{4-26}$$

式中 y——系统（或被评价对象）的综合评价值；

w_j——与评价指标 x_j 相应的权重系数，$0\leqslant w_j\leqslant 1$ $(j=1，2，\cdots，m)$，

$\sum_{j=1}^m w_j=1$。

线性加权综合法有如下特点：

（1）可使各评价指标之间得以线性补偿。即某些指标值的下降，可由另一些指标值的上升来补偿，任一指标值的增加都会导致综合评价值的上升，任一指标值的减少都可用另一些指标值的相应增量来维持综合评价水平不变。

（2）权重系数的作用比在其他"合成"方法中更明显，且突出了指标值或指标权重较大者的作用。

（3）当权重系数预先给定时（由于各指标值之间可以线性地补偿），对区分各备选方案之间的差异不敏感。

（4）对于无量纲的指标数据无特定要求，且容易计算，便于推广。

对于式（4-26）来说，观测值大的指标对评价结果的作用是很大的，即具有很强的"互补性"。

根据青海电网风光水气联合优化调度的评价方法，我国电网总体评价模型可考虑为半梯模型（包括升半梯、降半梯模型）、整数模型以及归一化模型。同时，为方便评价计算可将分值归一化，即评分计算结果位于 0~1（对应于 0~100 分）。

1. 升半梯模型

升半梯模型如图 4-8 所示。

升半梯模型评分计算公式为

$$f(x)=\begin{cases}0, & 0\leqslant x<a \\ \dfrac{x-a}{b-a}, & a\leqslant x<b \\ 1, & b\leqslant x\end{cases}$$ (4-27)

式中　a、b——模型的阈值；

　　　　x——评分参数的量值。

2. 降半梯模型

降半梯模型如图 4-9 所示。

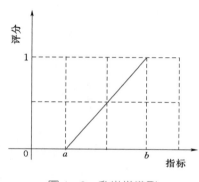

图 4-8　升半梯模型

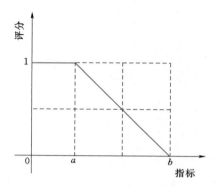

图 4-9　降半梯模型

降半梯模型评分计算公式为

$$f(x)=\begin{cases}1, & 0\leqslant x<a \\ 1-\dfrac{x-a}{b-a}, & a\leqslant x<b \\ 0, & b\leqslant x\end{cases}$$ (4-28)

式中　a、b——阈值。

3. 整数模型

整数模型的评分计算公式为

$$f(x)=c_1 x$$ (4-29)

式中　c_1——常数，用于转换各参数量纲的常数。

4. 归一化模型

归一化模型的评分计算公式为

$$f(x)=\dfrac{x}{c_2}\times 100$$ (4-30)

式中　c_1——常数，用于转换各参数量纲的常数。

4.2.2.3 评价指标

电力系统运行中影响清洁能源发电优先调度的因素很多，主要的约束可分为系统调峰能力限制、断面输送能力限制以及系统调度管理因素等。而电网实际产生弃风、弃光现象时，往往不是单一因素作用的结果，可能是多种因素共同作用的结果。前述研究结果表明，在电力系统调峰困难和网架输送能力限制情况下，我国电网清洁能源发电存在限电的可能性。因此，开展国家电网风光水气联合优化调度评价，可以从系统调峰能力和断面输送能力两方面入手。

（1）系统调峰能力，包括：清洁能源发电功率预测及负荷预测的精度；是否将清洁能源发电纳入日前发电计划；是否根据清洁能源发电功率预测结果，实时调整清洁能源发电计划；是否优化电源结构，提高灵活调节电源占比；合理安排水电、火电、燃气机组的运行；当清洁能源发电因调峰原因限电时，常规电源机组功率是否降至电力监管机构核定的最小技术功率；是否根据清洁能源发电计划，合理安排跨省跨区联络线计划安排，充分利用跨省跨区联络线的调峰作用。

（2）断面输送能力，包括：针对清洁能源发电因断面输送能力限制导致的限电，是否根据电网不同时期的运行特点及变化规律，统筹平衡各主要输电断面联络线需求，滚动计算分析并及时调整运行方式和各断面安全稳定控制限额，提高清洁能源发电外送能力；是否将受阻断面下常规电源功率降至最小技术功率；是否尽可能提高断面利用率，清洁能源发电受阻情况下输电断面利用率应达到90%以上。

根据上述主要评价内容，我国电网风光水气联合优化调度主要包括以下评价指标。

1. 清洁能源发电量

清洁能源发电量有助于于了解系统的清洁能源消纳规模，在一定程度上反映系统的清洁能源优化调度运行水平，其计算公式为

$$W_{r,elec} = \frac{\Delta T}{60} \sum_{t=1}^{T} P_{power,t} \tag{4-31}$$

式中　　$W_{r,elec}$——电网总的清洁能源发电量，MW·h；

　　　　$P_{power,t}$——t 时刻的清洁能源实际功率，MW。

2. 清洁能源日电量占比

清洁能源日电量占系统用电量比例旨在表征清洁能源占电量消耗的比例，能在一定程度上反映系统的清洁能源优化调度运行水平，其计算公式为

$$W_{ratio,re} = \frac{W_{r,elec}}{W_{total,elec}} \tag{4-32}$$

式中　　$W_{r,elec}$——电网总的清洁能源发电量，MW·h；

　　　　$W_{total,elec}$——电网总用电量，MW·h。

3. 清洁能源限电量

根据清洁能源预测电量和清洁能源计划电量可以得到清洁能源的限电量，该指标表征了系统的清洁能源计划限电规模，其计算公式为

$$W_{re,c} = W_{re,pre} - W_{re,plan} \tag{4-33}$$

式中　$W_{re,c}$——电网总的清洁能源限电量，MW·h；

$\qquad W_{re,pre}$——清洁能源预测电量，MW·h；

$\qquad W_{re,plan}$——清洁能源计划电量，MW·h。

4. 清洁能源限电比例

清洁能源限电比例是清洁能源限电量占清洁能源预测电量的比值，是清洁能源限电率（利用水平）的直接体现，其计算公式为

$$W_{ratio,c} = \frac{W_{re,c}}{W_{pre,elec}} \tag{4-34}$$

式中　$W_{ratio,c}$——电网清洁能源限电比例，无量纲；

$\qquad W_{pre,elec}$——电网清洁能源预测电量，MW·h。

5. 清洁能源电站功率占系统负荷最大比例

清洁能源电站功率占系统负荷最大比例旨在表征系统清洁能源电站功率占系统负荷的最大比例，能在一定程度上反映系统的清洁能源优化调度水平，其计算公式为

$$W_{output,load} = \max\left\{\frac{P_{power,t}}{P_{load,t}}, t=1,2,\cdots,T\right\} \tag{4-35}$$

式中　$W_{output,load}$——清洁能源电站功率占系统负荷最大比例；

$\qquad P_{power,t}$——t 时刻系统清洁能源电站功率，MW；

$\qquad P_{load,t}$——t 时刻系统负荷。

6. 负荷高峰系统备用

负荷高峰系统备用旨在表征系统负荷高峰时刻的系统备用留取情况，能在一定程度反映调度在留取系统备用时是否考虑了清洁能源发电，其计算公式为

$$W_{reserve} = \frac{W_{thl,rg} + W_{re,pre,peak} - W_{thl,output,peak} - W_{re,output,peak}}{W_{load,peak}} \tag{4-36}$$

式中　$W_{reserve}$——负荷高峰时刻系统备用，%；

$\qquad W_{thl,rg}$——火电机组可调容量，MW；

$\qquad W_{re,pre,peak}$——负荷高峰时刻系统清洁能源发电预测功率，MW；

$\quad W_{thl,output,peak}$——负荷高峰时刻系统火电输出功率，MW；

$\quad W_{re,output,peak}$——负荷高峰时刻系统清洁能源电站功率，MW；

$\qquad W_{load,peak}$——负荷高峰时刻系统负荷功率，MW。

7. 调峰受限电量

调峰受限电量表征了系统因调峰约束导致的清洁能源限电规模，其计算公式为

$$W_{\text{reg,cut}} = \sum_{k=1}^{N} P_{\text{reg,cut}}(k) \times t \qquad (4-37)$$

式中　$P_{\text{reg,cut}}(k)$ ——系统因调峰受限的第 k 时段的限电功率，MW。

8. 调峰受限时段火电是否达到最小技术功率

其计算公式为

$$W_{\text{min,output}} = \begin{cases} 1, & \text{调峰受限时段火电达到最小技术功率} \\ 0, & \text{调峰受限时段火电未达到最小技术功率} \end{cases} \qquad (4-38)$$

9. 电网水能利用提高率

电网水能利用提高率是反映水电经济运行和电网节能调度水平的综合指标，其计算公式为

$$\eta_{\text{n}} = \frac{E_{\text{NA}}}{E_{\text{NCH}}} \times 100\% \qquad (4-39)$$

$$E_{\text{NCH}} = \sum_{i=1}^{N_s} E_{\text{CH},i} \qquad (4-40)$$

式中　η_{n} ——评价时段内电网水能利用提高率，%；

E_{NA} ——评价时段内电网节水增发电量，kW·h；

E_{NCH} ——评价时段内电网考核发电量，kW·h；

$E_{\text{CH},i}$ ——评价时段内第 i 个水电站考核发电量，kW·h。

10. 断面受限电量

断面受限电量表征了系统因断面约束导致的清洁能源限电规模，其计算公式为

$$W_{\text{line,cut}} = \sum_{k=1}^{N} P_{\text{line,cut}}(k) \times t \qquad (4-41)$$

式中　$P_{\text{line,cut}}(k)$ ——系统因断面受限的第 k 时段的限电功率，MW。

11. 断面受限时段断面负荷率是否达到 90%

其计算公式为

$$W_{\text{line,lfactor}} = \begin{cases} 1, & \text{断面受限时段断面负荷率达到 90\%} \\ 0, & \text{断面受限时段断面负荷率未达到 90\%} \end{cases} \qquad (4-42)$$

12. 断面受限时段断面内火电是否达到最小技术功率

其计算公式为

$$W_{\text{line,min,output}} = \begin{cases} 1, & \text{断面内火电达到最小技术功率} \\ 0, & \text{断面内火电未达到最小技术功率} \end{cases} \qquad (4-43)$$

4.3　多能源互补联合优化调度决策最优判据

在电网清洁能源消纳空间充足、系统不存在调峰或网架约束的情况下（即风电、光伏发电不受限），该时段系统联合优化调度决策即为最优。

但是以 2015 年年底青海电网结构及清洁能源运行情况为例,青海电网清洁能源送出受制于个别通道断面送出能力及设备容量限制,部分时段存在清洁能源发电受限情况。当电网调度需要对清洁能源发电进行限制时,可根据前述方法对调度决策开展评价,从而判断所制订的调度计划是否达到充分挖掘潜力消纳清洁能源发电的要求以及是否全局最优。

在限电时段,对于联合优化调度的各项指标分别采用上述方法进行评价,同时,针对每一个指标设置一定的权重系数,权重跟青海电网实际需求直接相关,由青海电网调度实际情况而定。另外,根据国家电网有限公司清洁能源优先调度工作规范的相关要求,将部分评价指标设定为决定性指标,若有任一决定性指标不满足要求,即认为该联合优化调度决策并未实现最优。根据表 4-8 和式 (4-26),可以得到系统风光水气联合优化调度综合评价结果。

表 4-8 中,对于 4 项决定性指标均采用整数模型,即满足这 4 项指标要求的调度决策才符合联合优化调度最优的条件。同时,在决定性指标均满足的情况下,通过计算所有指标的综合得分来评价不同调度决策的优劣,得到最优的青海电网风光水气联合优化调度决策。

表 4-8 风光水气联合优化调度综合评价表

评 价 指 标	是否决定性指标	模型	权重
清洁能源发电量		归一化	W1
清洁能源日电量占比		归一化	W2
清洁能源限电量		归一化	W3
清洁能源限电比例		归一化	W4
清洁能源发电功率占系统负荷最大比例		归一化	W5
负荷高峰系统备用	是	整数	W8
调峰受限电量		归一化	W9
调峰受限时段火电是否达到最小技术功率	是	整数	W10
电网水能利用提高率	—		W11
断面受限电量		归一化	W13
断面受限时段断面负荷率是否达到 90%	是	整数	W14
断面受限时段断面内火电是否达到最小技术功率	是	整数	W15

以 2015 年青海电网某四日的调度数据为例,对 4 种调度策略下的优化方案进行综合评价。4 种方案的评价指标值见表 4-9。

根据电网调度实际数据计算方案 1 的各项评价指标值,并根据各项指标权重得到各项指标具体得分,从而获得方案 1 的综合评价得分。同理,可以得到其他 3 种调度方案的综合评价结果,见表 4-10。

表 4-9 4 种方案的评价指标值

评 价 指 标	方案 1	方案 2	方案 3	方案 4
清洁能源发电量/(MW·h)	18241	24139	25470	24670
清洁能源日电量占比/%	13.97	15.45	16.52	15.34
清洁能源限电量/(MW·h)	0	0	764.1	1016
清洁能源限电比例/%	0	0	2.91	3.96
清洁能源发电功率占系统负荷最大比例/%	41.32	40.28	45.9	43.3
负荷高峰系统备用/%	4.6	5.8	4.9	5
调峰受限电量/(MW·h)	0	0	0	0
调峰受限时段火电是否达到最小技术功率	1	1	1	1
电网水能利用提高率/%	4	6	5	5
断面受限电量/(MW·h)	0	0	764.1	1016
断面受限时段断面负荷率是否达到90%	1	1	1	1
断面受限时段断面内火电是否达到最小技术功率	1	1	1	0

表 4-10 4 种调度方案的综合评价结果

评价指标	方案 1	方案 2	方案 3	方案 4
清洁能源发电量	3.5	4.6	4.9	4.7
清洁能源日电量占比	4.1	4.5	4.9	4.5
清洁能源限电量	5.0	5.0	2.5	2.4
清洁能源限电比例	5.0	5.0	2.5	2.2
清洁能源发电功率占系统负荷最大比例	4.4	4.3	4.9	4.6
负荷高峰系统备用	9.8	7.8	9.2	9.0
调峰受限电量	5.0	5.0	5.0	5.0
调峰受限时段火电是否达到最小技术功率	10.0	10.0	10.0	10.0
电网水能利用提高率	2.9	4.3	3.6	3.6
断面受限电量	5.0	5.0	2.5	2.4
断面受限时段断面负荷率是否达到90%	20.0	20.0	20.0	20.0
断面受限时段断面内火电是否达到最小技术功率	20.0	20.0	20.0	0.0
总　分	94.7	95.5	89.9	68.4

根据表 4-10 的评价信息，按照联合优化调度决策最优判据，在不限电的情况下，方案 2（95.5 分）优于方案 1（94.7 分）；在限电的情况下，方案 3（89.9 分）要优于方案 4（68.4 分）。因此，综合来看方案 2 所得到调度计划最优。相对于其他方案，方案 2 所得调度计划满足所有决定性指标且未发生弃风、弃光限电，所以综合评价结果最优。

第 5 章

多能源互补联合优化调度系统及应用

5.1 优化调度系统

针对我国电网风光水气调度运行的资源优化配置利用和系统安全经济运行存在的问题，研发了一套能够准确评估风险，计算系统风光最大消纳能力，提高系统运行安全性和清洁能源消纳能力的风光水气联合优化调度系统，为国家电网优化调度配置资源提供技术手段支撑。本章主要研究考虑风光最大消纳能力和运行风险的风光水气联合优化调度系统的网络拓扑结构和网络接入方式，在此基础上详细研究了优化调度系统的主要功能。

5.1.1 软件框架

风光水气联合优化调度系统基于 D5000 平台建设，主要包括理论功率评估、消纳能力评估、联合优化调度和运行风险评估模块 4 大部分。数据存储于 D5000 基础数据平台，各应用模块通过消息总线与 D5000 基础数据平台进行数据交互，如图 5-1 所示。

5.1.2 硬件结构

风光水气发电联合优化调度系统 4 个应用模块都部署在调度安全Ⅱ区，通过防火墙与安全Ⅰ区的控制系统通信，通过安全隔离装置与安全Ⅲ区应用进行数据交互，系统硬件布置方案如图 5-2 所示。

5.1.3 运行环境

系统部署于调度中心Ⅱ区，基于 D5000 平台，使用 D5000 的消息总线及数据库，严格遵守 D5000 技术要求，符合功能规范。

（1）服务器端。

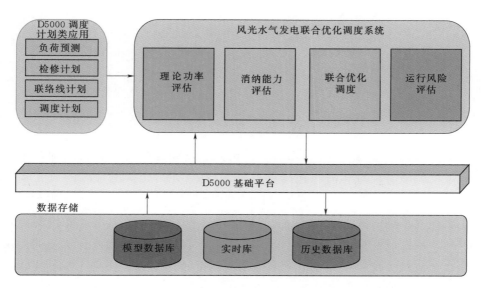

图 5-1 风光水气发电联合优化调度系统框架示意图

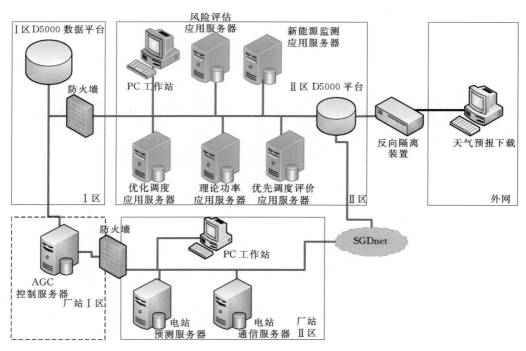

图 5-2 系统硬件布置方案示意图

1）操作系统：凝思 rocky、麒麟。

2）数据库系统：达梦、金仓。

3）应用平台：D5000。

（2）客户端。

1）操作系统：凝思 rocky、麒麟。

2）应用平台：D5000。

5.2 系统应用

风光水气发电联合优化调度系统于 2015 年 6 月在青海省电力公司调控中心投入试运行，系统能够实现对青海电网全部并网的 5444MW 光伏电站群的风光水气联合优化调度，运行期间，联合优化调度日前计算时间为 32.36s，在 10min 以内，日内联合调度优化计算平均时间为 21.29s，小于 1min。系统包含了风电、光伏发电理论发电能力评估、系统风光最大消纳能力评估、系统运行风险评估和联合优化调度决策等功能模块，形成对大规模风光发电接入的全面调度技术支撑，实现了风、光、水、气多种电源的有机协调和滚动闭环调度，为青海电网的风光水气多种能源联合优化调度运行提供了全方位的支持。

5.2.1 理论功率评估

光伏电站理论功率评估如图 5－3 所示，光伏发电理论功率评估列表如图 5－4 所示。

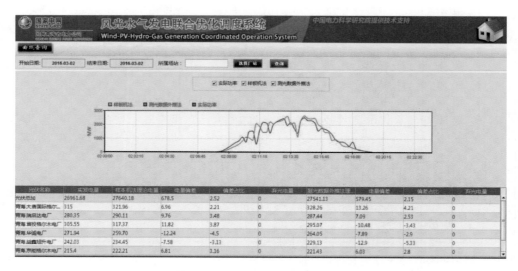

图 5－3 光伏电站理论功率评估

5.2.2 消纳能力评估

数据准备状态如图 5－5 所示，厂站预测数据准备情况显示页面如图 5－6 所示，

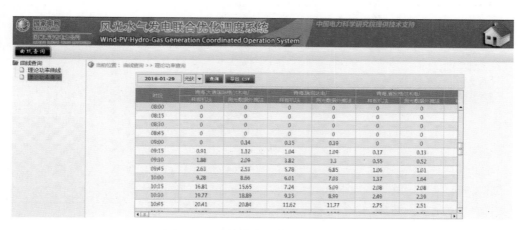

图5-4　光伏发电理论功率评估列表

负荷预测数据准备情况显示页面如图5-7所示，联络线计划数据准备情况显示页面如图5-8所示，常规电源输出功率数据准备情况显示页面如图5-9所示，场站功率预测如图5-10所示，负荷预测如图5-11所示，联络线计划如图5-12所示，消纳能力评估如图5-13所示。

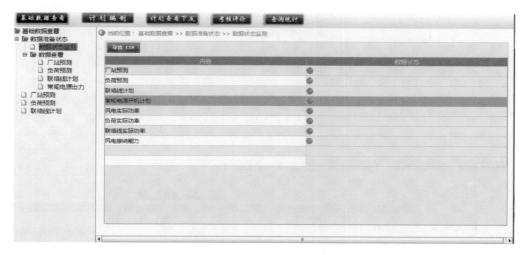

图5-5　数据准备状态

5.2.3　联合优化调度

日前计划编制如图5-14所示，日前计划如图5-15所示，日前计划图表查询如图5-16所示，日内计划图表查询如图5-17所示，联合优化调度运行评价如图5-18所示，场站性能排序得分查看如图5-19所示，各项参数性能评价得分查看如图5-20

图 5－6 厂站预测数据准备情况显示页面

图 5－7 负荷预测数据准备情况显示页面

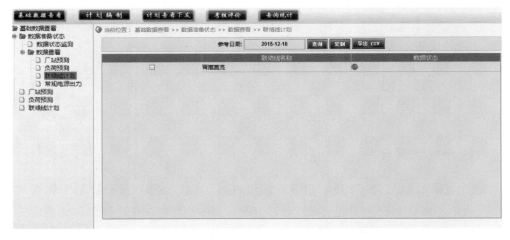

图 5－8 联络线计划数据准备情况显示页面

图 5 - 9 常规电源输出功率数据准备情况显示页面

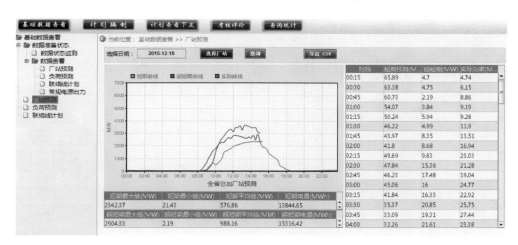

图 5 - 10 基础数据查看——场站功率预测

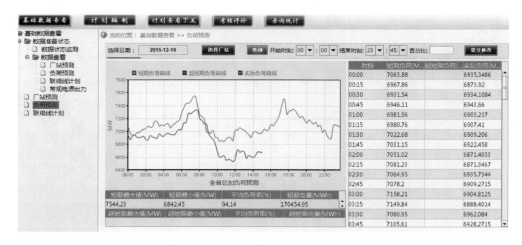

图 5 - 11 基础数据查看——负荷预测

图 5-12　基础数据查看——联络线计划

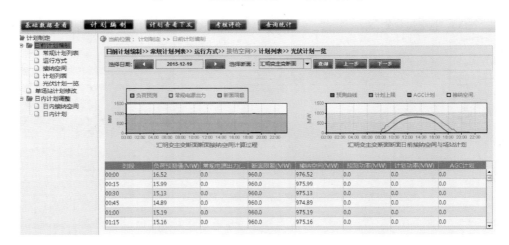

图 5-13　消纳能力评估

图 5-14　日前计划编制

图 5-15 日前计划

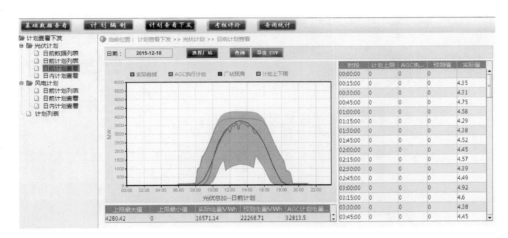

图 5-16 日前计划图表查询

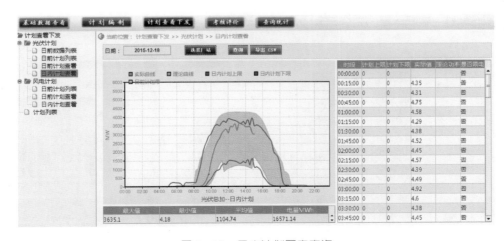

图 5-17 日内计划图表查询

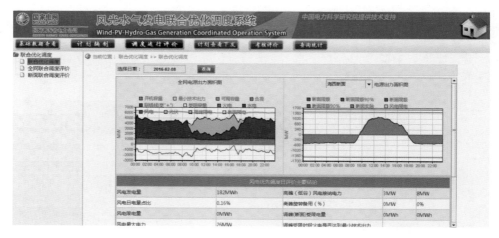

图 5-18 联合优化调度运行评价

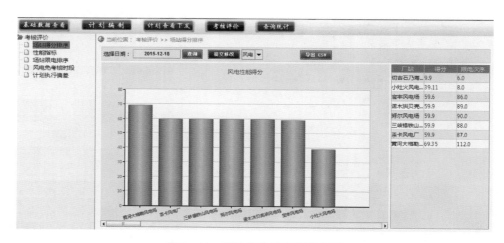

图 5-19 场站性能排序得分查看

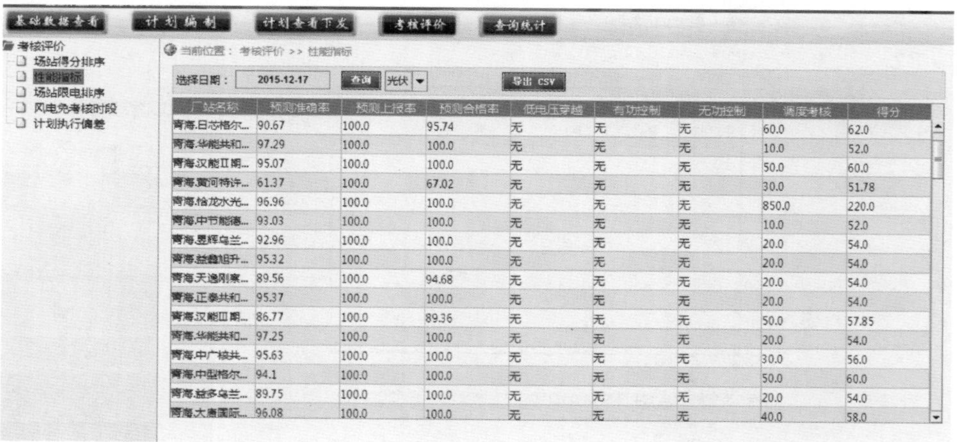

图 5-20 各项参数性能评价得分查看

所示，清洁能源发电计划执行偏差情况查看如图 5-21 所示，清洁能源发电计划执行情况逐日查询统计如图 5-22 所示，清洁能源发电计划执行情况逐月查询统计如图 5-23 所示，清洁能源发电计划执行情况逐年查询统计如图 5-24 所示。

5.2.4 运行风险评估

风险评估首页页面如图 5-25 所示，日前调峰页面如图 5-26 所示，日内调峰页面如图 5-27 所示，线路潮流风险如图 5-28 所示，线路负载率查看页面如图 5-29 所示，节点电压风险如图 5-30 所示，节点电压查看页面如图 5-31 所示。

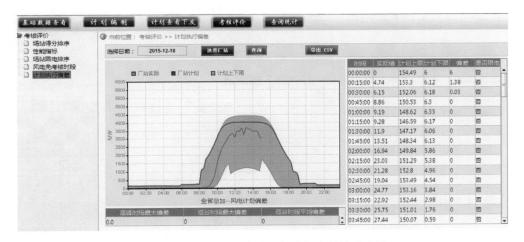

图 5-21 清洁能源发电计划执行偏差情况查看

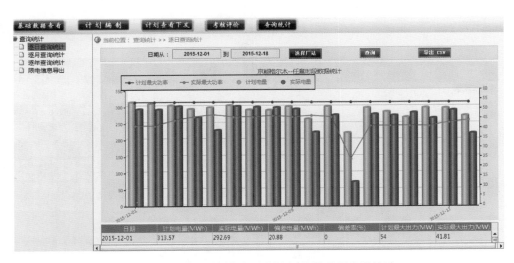

图 5-22 清洁能源发电计划执行情况逐日查询统计

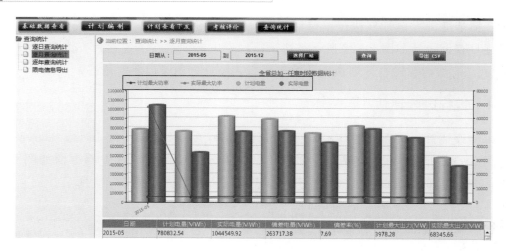

图 5 - 23　清洁能源发电计划执行情况逐月查询统计

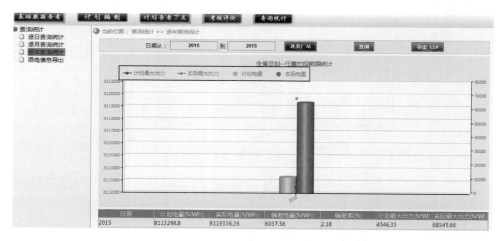

图 5 - 24　清洁能源发电计划执行情况逐年查询统计

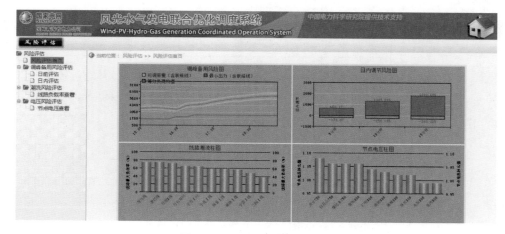

图 5 - 25　风险评估首页页面

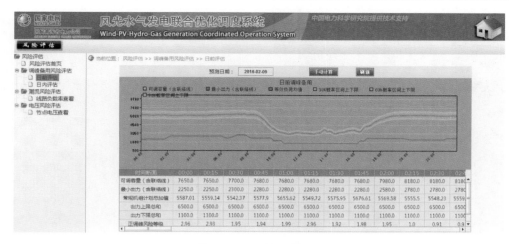

图 5 - 26　日前调峰页面

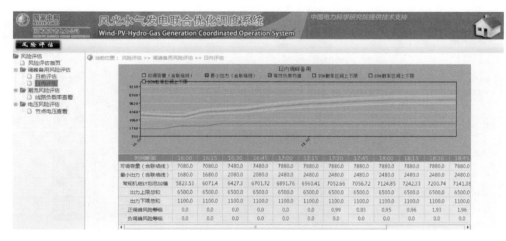

图 5 - 27　日内调峰页面

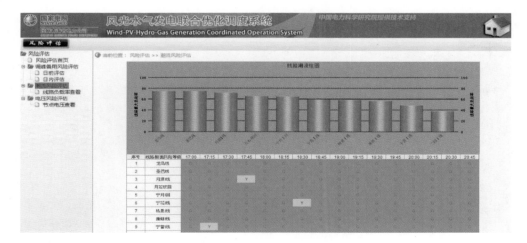

图 5 - 28　线路潮流风险

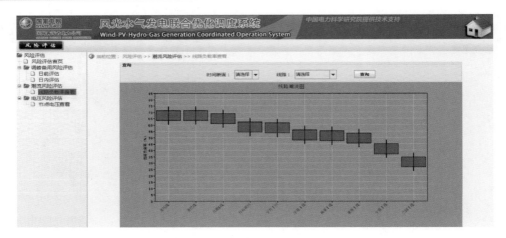

图 5 - 29 线路负载率查看页面

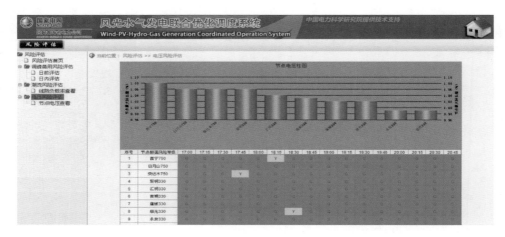

图 5 - 30 节点电压风险

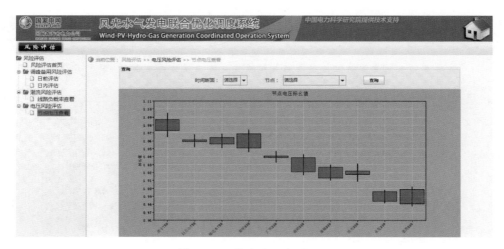

图 5 - 31 节点电压查看页面

参 考 文 献

[1] Alajmi B N, Ahmed K H, Finney S J, et al. A maximum power point tracking technique for partially shaded photovoltaic systems in microgrids [J]. IEEE Transactions on Industrial Electronics, 2013, 60 (4): 1596 - 1606.

[2] Buchand, MΦllenbach. Technological aspects of the mixed use of solar and wind energy [R]. Geneva, Switzerland: WMO, 1981.

[3] Akerlund J. Hybrid power systems for remote sites - solar, wind and mini diesel [C] // International Telecommunications Energy Conference, 1983: 443 - 449.

[4] Heinemann D, Luther J, Wiesner W. Design of a solar/wind power supply for a remote data acquisition station [C] // International Telecommunications Energy Conference, 1989.

[5] Nayar C V, Lawrance W B, Phillips S J. Solar/wind/diesel hybrid energy systems for remote areas [C] // Energy Conversion Engineering Conference, 1989.

[6] Protogeropoulos, Brinkworth, Marshall. Sizing and technoeconomical optimization for hybrid solar photovoltaic/wind power systems with battery storage [J]. International Journal of Energy Research, 1997.

[7] Reddy J B, Reddy D N. Probabilistic performance assessment of a roof top wind, solar photo voltaic hybrid energy system [C] // Reliability & Maintainability, Symposium - rams, 2004.

[8] Ahmed N A, Miyatake M. A stand - alone hybrid generation system combining solar photovoltaic and wind turbine with simple maximum power point tracking control [C] // IEEE International Power Electronics & Motion Control Conference, 2006.

[9] La Terra G, Salvina G, Tina G M. Optimal sizing procedure for hybrid solar wind power systems by fuzzy logic [C] // Electrotechnical Conference, 2006: 865 - 868.

[10] Wang L, Singh C. PSO - based multidisciplinary design of a hybrid power generation system with statistical models of wind speed and solar insolation [C] // International Conference on Power Electronics, 2007: 1 - 6.

[11] Jain A M, Kushare B E. Techno - economics of solar wind hybrid system in Indian context: A case study [C] // Iet - uk International Conference on Information & Communication Technology in Electrical Sciences, 2007: 39 - 44.

[12] Fontes N, Roque A, Maia J. Micro generation—solar and wind hybrid system [C] // International Conference on Electricity Market, 2008.

[13] Xin L, Lopes L A C, Williamson S S. On the suitability of plug - in hybrid electric vehicle (PHEV) charging infrastructures based on wind and solar energy [C] // IEEE Power & Energy Society General Meeting, 2009: 1 - 8.

[14] Hui J, Bakhshai A, Jain P K. A hybrid wind - solar energy system: a new rectifier stage topology [C] // IEEE Applied Power Electronics Conference & Exposition, 2010: 155 - 161.

[15] Becherif M, Ayad M Y, Henni A, et al. Hybrid sources for train traction: Wind generator, solar panel and supercapacitors [C] // Energy Conference & Exhibition, 2010: 658 - 663.

[16] Das D C, Roy A K, Sinha N. PSO based frequency controller for wind - solar - diesel hybrid energy generation/energy storage system [C] // International Conference on Energy, 2011: 1 - 6.

[17] Keyrouz F, Hamad M, Georges S. Bayesian fusion for maximum power output in hybrid wind - solar systems [C] // IEEE International Symposium on Power Electronics for Distributed Generation Systems, 2012: 393 - 397.

[18] Wandhare R G, Agarwal V. A control strategy to reduce the effect of intermittent solar radiation and wind velocity in the hybrid photovoltaic/wind SCIG system without losing MPPT [C] // Photovoltaic Specialists Conference, 2012.

[19] Kamalakkannan S, Kirubakaran D. High performance impedance - source inverter for solar, wind and hybrid power systems [C] //Planetary Scientific Research Center Conference Proceeding Volumn 29, 2013: 137 - 142.

[20] Keyrouz F, Hamad M, Georges S. A novel unified maximum power point tracker for controlling a hybrid wind - solar and fuel - cell system [C] // International Conference & Exhibition on Ecological Vehicles & Renewable Energies, 2013: 1 - 6.

[21] Patsamatla H, Karthikeyan V, Gupta R. Universal maximum power point tracking in wind - solar hybrid system for battery storage application [C] // International Conference on Embedded Systems, 2014: 194 - 199.

[22] Eltamaly A M, Mohamed M A. A novel software for design and optimization of hybrid power system [J]. Journal of the Brazilian Society of Mechanical Sciences and Engineering, 2016, 38 (4): 1299 - 1215.

[23] Shanker G, Mukherjee V. Load frequency cintrol of an autonomous hybrid power system by quasi - oppositional harmony search algorithm [J]. International Journal of Electrical Power & Energy Systems, 2016, 78: 715 - 734.

[24] Fathabadi, Hassan. Novel standalone hybrid solar/wind/fuel cell power generation system for remote areas [J]. Solar Energy, 2017, 146: 30 - 43.

[25] Monaaf D A, AI - Falahi, Kutaiba Sabah Nimma, et al. Sizing and modeling of a standalone hybrid renewable energy system [C] //2016 IEEE 2nd Annual Southern Power Electronics Conference (SPEC), 2016.

[26] Faizan A Khan, Nitai Pal, Syed H Saeed. Review of solar photovoltaic and wind hybrid energy system for sizing strategies optimization techniques and cost analysis methodologies [J]. Renewable and Sustainable Energy Reviews, 2018, 92: 937 - 947.

[27] H Ishaq, I Dincer, G F Naterer. Development and assessment of a solar, wind and hydrogen hybrid trigeneration system [J]. International Journal of Hydrogen Energy, 2018, 43 (52): 23148 - 23160.

[28] 周天沛, 孙伟. 不规则阴影影响下光伏阵列最大功率点跟踪方法 [J]. 电力系统自动化, 2015, 39 (10): 42 - 49.

[29] 朱瑞兆. 中国太阳能-风能综合利用规划 [J]. 太阳能学报, 1986, 7 (1): 1 - 9.

[30] Bellur D M, Kazimierczuk M K. DC - DC converters for electric vehicle applications [C] // Electrical Insulation Conference & Electrical Manufacturing Expo, 2008: 286 - 293.

[31] 黄晞. 中国"电"之最(二十九)最早的风-光互补发电系统 [J]. 电世界, 1994 (11): 1 - 9.

[32] 张治民. 青海地区风/光互补户用电源技术的初步探讨 [J]. 青海科技, 1997, 4 (3): 23 - 26.

[33] 许洪华. 西藏 4kW 风/光互补发电系统优化设计 [J]. 太阳能学报, 1998, 19 (3): 225 - 230.

[34] Su G J, Tang L. A three - phase bidirectional DC - DC converter for automotive applications [C] // Industry Applications Society Annual Meeting, 2008.

[35] 艾斌, 李健, 刘玉琴, 等. 小型户用风光互补发电系统匹配的计算机辅助设计 [J]. 内蒙古大学学报(自然科学版), 2000, 31 (3): 261 - 271.

［36］ 李爽．风/光互补混合发电系统优化设计［D］．北京：中国科学院，2001．

［37］ 定世攀．独立运行风/光互补电站控制监测系统的研究［D］．北京：中国科学院，2002．

［38］ Cabal C，Alonso C，Cid－Pastor A，et al. Adaptive digital MPPT control for photovoltaic applications［C］// IEEE International Symposium on Industrial Electronics，2007．

［39］ 茆美琴，余世杰，苏建徽，等．风-光-柴-蓄复合发电及智能控制系统实验装置［J］．太阳能学报，2003，24（1）：18－21．

［40］ 茆美琴．风光柴蓄复合发电及其智能控制系统研究［D］．合肥：合肥工业大学，2004．

［41］ 龙平．独立运行风/光互补监测系统研究［D］．北京：中国科学院，2004．

［42］ 王宇．风光互补发电控制系统的研究与开发［D］．天津：天津大学，2004．

［43］ 田东平，赵天绪．基于模糊控制器的粒子群优化算法［J］．计算机工程与设计，2010，31（24）：5335－5338．

［44］ 李忠实．风光互补发电控制系统不同负载对蓄电池控制电压的影响［D］．天津：天津大学，2005．

［45］ 徐大明，康龙云，曹秉刚．基于 NSGA－Ⅱ 的风光互补独立供电系统多目标优化［J］．太阳能学报，2006，27（6）：593－598．

［46］ 徐大明，康龙云，曹秉刚．风光互补独立供电系统的优化设计［J］．太阳能学报，2006，27（9）：919－922．

［47］ 张森，吴捷．基于分级模糊控制风力太阳能混合发电控制系统的研究［J］．太阳能学报，2006，27（12）：1208－1213．

［48］ 郭琦．风光储微电网多目标优化配置［D］．兰州：兰州交通大学，2016．

［49］ 张立．考虑风光互补的电力系统动态经济调度研究［D］．保定：华北电力大学，2016．

［50］ 李晓青，王小会，李慧玲．基于 NSGA－Ⅱ 的并网型风光互补发电系统协调控制［J］．测控技术，2017，36（12）：86－89，92．

［51］ 张计科，王生铁．独立运行风光互补发电系统能量优化管理协调控制策略［J］．太阳能学报，2017，38（10）：2894－2903．

［52］ 于东霞，张建华，王晓燕，等．并网型风光储互补发电系统容量优化配置［J］．电力系统及其自动化学报，2018：1－8．

［53］ 吴国庆，霍伟，茅靖峰，等．基于改进万有引力搜索算法的住宅区微网优化［J］．电力系统保护与控制，2018，46（21）：1－10．

［54］ 徐璋，李莎，胡小坚，等．基于粒子群算法的风光互补发电系统配置优化设计［J］．浙江工业大学学报，2018，46（6）：650－655．

《大规模清洁能源高效消纳关键技术丛书》
编辑出版人员名单

总 责 任 编 辑　　王春学

副总责任编辑　　殷海军　李　莉

项 目 负 责 人　　王　梅

项 目 组 成 员　　丁　琪　邹　昱　高丽霄　汤何美子　王　惠

《多能源互补调度运行控制技术》

责任编辑　　王　惠　王　梅

封面设计　　李　菲

责任校对　　梁晓静　赵海娇

责任印制　　冯　强